"十二五"职业教育国家规划教材

经全国职业教育教材审定委员会审定

高职高专项目课程系列教材·电气自动化专业

总主编 ◇ 石伟平　副总主编 ◇ 徐国庆

常用电气控制设备

第二版

主编 ◇ 赵红顺

华东师范大学出版社

上海

图书在版编目(CIP)数据

常用电气控制设备/赵红顺主编. —2 版. —上海:华东师范大学出版社,2014.1
ISBN 978 - 7 - 5675 - 1591 - 8

Ⅰ.①常… Ⅱ.①赵… Ⅲ.①电气控制装置-高等职业教育-教材 Ⅳ.①TM571.2

中国版本图书馆 CIP 数据核字(2014)第 010230 号

国家骨干院校建设成果

高职高专项目课程系列教材·电气自动化专业

常用电气控制设备(第二版)

主　编　赵红顺
项目编辑　吴海红
装帧设计　孔薇薇

出版发行　华东师范大学出版社
社　　址　上海市中山北路 3663 号　邮编 200062
网　　址　www.ecnupress.com.cn
电　　话　021 - 60821666　行政传真 021 - 62572105
客服电话　021 - 62865537　门市(邮购)电话 021 - 62869887
地　　址　上海市中山北路 3663 号华东师范大学校内先锋路口
网　　店　http://hdsdcbs.tmall.com

印 刷 者　上海市崇明县裕安印刷厂
开　　本　787×1092　16 开
印　　张　13.25
字　　数　302千字
版　　次　2017 年 1 月第 2 版
印　　次　2021 年 1 月第 5 次
书　　号　ISBN 978-7-5675-1591-8/TM·065
定　　价　29.00元

出 版 人　王 焰

(如发现本版图书有印订质量问题,请寄回本社客服中心调换或电话 021 - 62865537 联系)

高职高专项目课程系列教材编委会

目 录

序

近年来在政府推动与经济发展需求的刺激下,我国高等职业教育规模有了很大发展;全国职业教育工作会议的召开,又为高职发展迎来了新的历史机遇。然而,我们可以在短短几年内建设起大量被称为高职学院的校舍,却无法在短期内形成真正的高职教育。如何突显特色已成为高职发展的重大课题;高职发展已由规模扩充进入了内涵建设阶段。内涵形成既需要理论支持,也需要时间积淀,但积极的探索与行动总是有益于这一进程的。如今已形成的基本共识是,课程建设是高职内涵建设的突破口与抓手。加强高职课程建设的一个重要出发点,就是如何让高职生学有兴趣、学有成效。在传统学科知识的学习方面,高职生是难以和大学生相比的;如何开发一套既适合高职生学习特点,又能增强其就业竞争能力的教材,是高职课程建设面临的另一重大课题。

要有效地解决这些问题,建立能综合反映高职发展多种需求的课程体系,必须进一步明确高职人才培养目标、其课程内容的性质及组织框架。为此,不能仅仅满足于对"高职到底培养什么类型人才"的论述,而是要从具体的岗位与知识分析入手。高职专业的定位要通过理清其所对应的工作岗位来解决,而其课程特色应通过特有的知识架构来阐明。也就是说,高职课程与学术性大学的课程相比,其特色不应仅仅体现在理论知识少一些,技能训练多一些,而是要紧紧围绕课程目标重构其知识体系的结构。

我们认为,项目课程不失为一个有价值与发展潜力的选择。其历史虽然久远,我们却赋予其新的内涵。具体说来,一是能力观,即项目课程的目标是培养学生的职业能力。现有高职课程基本上还是知识体系,极少体现这一目标。以职业能力为目标不能是口号,而是要在各个环节紧紧围绕这一目标来设计课程。比如课程目标的描述,要明确指出预期学生"能够(会)做什么"。能力也不同于操作技能,职业能力更加强调的是在复杂的工作情境中进行分析、判断并采取行动的能力。二是联系观,即要把知识与工作任务之间的联系作为重要课程内容。职业能力的形成并非仅仅取决于获得大量的理论知识,如果这些知识是在与工作任务相脱离的条件下获得的,那么仅仅是静态的知识,而无法形成个体的职业能力。只有能在知识与工作任务之间建立复杂联系的人,才可称为具有职业能力的人。可见,项目课程并非如通常所设想那样只是出于功利目的,而是建立在职业能力形成的联系观基础之上的。三是结构观,即强调对课程结构的整体设计,包括课程体系结构与内容组织结构。因为知识结构也是影响职业能力形成的重要变量。课程体系结构设计的基本依据是工作体系结构,内容组织结构设计的基本依据是工作过程中的知识组织关系。其获得的基本手段是工作分析。四是综合观,即综合运用相关操作知识、理论知识来完成工作任务。虽然项目课程开发采纳了和 MES、CBE 相类似的工作分析方法，但其重点关注如何综合运用所获得的操作知识、理论知识来完成工作任务，从而形成在复杂的工作情境中作出判断并采取行动的能力；也更关注工作任务之间的联系。五是结果观，即以典型产品或服务为载体设计教学活动。通过"完整性活动"，学生可获得有工作意义的"产品"，这样，不仅可以增强学生对教学内容的直观感，而且有利于增强学生的成就动机。

教材是课程理念的物化，也是教学的基本依据。项目课程的理念要大面积地转化为具体的教学活动，必须有教材作支持。基于这一设想，我们自 2004 年起，一直致力于与高职院校及教师合作，开发出能体现项目课程上述理念、符合高职教育水准及特色的专业课程教材，以期对我国高职发展有点贡献。这些教材力图彻底打破以知识传授为主要特征的传统学科课程模式，并将其转变为以工作任务为核心的项目课程模式，让学生通过完成具体项目来构建相关理论知识，并发展职业能力。其课程内容的选取紧紧围绕工作任务完成的需要来进行，同时又充分考虑高职教育对理论知识学习的需要，并融合相关职业资格证书对知识、技能和态度的要求。每个项目的学习都要求按以典型产品为载体设计的活动来进行，以工作任务为中心整合理论与实践，实现理论与实践的一体化。为此，有必要通过校企合作、校内实训基地建设等多种途径，采取工学交替、半工半读等形式，充分开发学习资源，给学生提供丰富的实践机会。教学效果评价可采取过程评价与结果评价相结合的方式，通过理论与实践相结合，重点评价学生的职业能力。

在开发新教材的同时，我们实验性地进行了教学尝试。结果表明，尽管全面实施项目教学目前还存在一定困难，如教师能力、实训条件等，但这种教学模式的确有利于提高学生的学习兴趣与教学质量。学生不仅感受到了知识的应用价值，而且学会了如何应用这些知识。只要教师勇于创新，敢于挑战传统的教学模式，其中的许多问题是不难克服的。今后，我们将深化对教学过程的研究，为项目课程实施提供详细案例，同时开发教学辅助材料，以更好地促进项目课程的实施。

由于项目课程教材的结构和内容与原有教材差别很大，因此其开发是一个非常艰苦的过程。为了使这套教材更能符合高职学生的实际情况，我们坚持编写任务均由高职教师承担，他们为这套教材的成功出版付出了巨大努力。备感欣慰的是，参与这个项目的高职院校对我们的工作非常支持，不仅组织了大量精干的教师和企业专家参与教材开发，而且为我们创造了许多优越条件。没有他们的大力支持，要取得这些成果是难以想象的。在此，还要感谢编委会专家对项目课程的热心支持与精心指导。

实践变革总是比理论创造复杂得多。尽管我们尽了很大努力，但所开发的项目课程教材还是有限的。由于这是一项尝试性工作，在内容与组织方面也难免有不到之处，尚需在实践中进一步完善。但我们坚信，只要不懈努力，不断发展和完善，最终一定会实现这一目标。

石伟平　徐国庆

2006 年 11 月于华东师范大学

前言

　　2005年2月以来,我院在数控技术应用专业成功实施高职项目课程模式改革的基础上,启动电气自动化技术专业课程模式改革。在行业专家、课程专家的指导下,我们从职业岗位工作分析着手,通过课程分析和知识、能力、素质分析,打破了原有的高职学科性课程模式,构建了"以项目课程为主体"的高职电气自动化专业课程体系,编写了《常用电气控制设备》、《可编程控制器应用技术》、《单片机与接口应用技术》、《运动控制技术》、《电工技术》、《模拟电子技术》、《数字电子技术》、《供配电技术》、《组态控制技术》等9门项目课程校本教材。本系列教材的主要特点是:在教材结构上,每本教材由若干项目组成,项目内设模块,项目和模块按照由易到难的顺序递进;在教学内容上,围绕职业岗位(群)需求和职业能力,以工作任务为中心,以技术实践知识为焦点,以技术理论知识为背景,以拓展知识为延伸,形成了体现高职教育特点和优势,符合高职学生认知特点和学习规律的教材内容体系。

　　本书共分6个项目,16个模块。"项目一　三相异步电动机起动线路分析与接线"设置5个模块,从电动机的手动控制入手,依次介绍了电动机的自动控制、正反转控制、减压起动控制、绕线转子电动机起动控制等电气线路;"项目二　三相异步电动机制动控制线路分析"设置3个模块,分析了常用机械制动和电气制动控制线路的工作原理;"项目三　三相异步电动机调速控制线路分析"中重点分析了电动机变极调速线路的工作原理和安装接线;"项目四　直流电动机电气控制线路分析"中主要介绍了直流电动机的起动、正反转、电气制动和调速线路的工作原理和特点;"项目五　典型机床电气控制线路分析"设置3个模块,由浅入深地介绍了电动葫芦、车床、铣床的电气线路的分析方法,并对机床电气线路的故障检测方法进行了详细叙述;"项目六　电气控制线路设计"设置3个模块,从用经验法设计典型电路环节到按一定工艺要求设计中等复杂程度的机床电气线路,最后通过一个电气设备从原理图设计、电气安装接线到电器元件的选择,介绍了电气设计环节完整的过程。

　　参加本书编写工作的有:常州机电职业技术学院的赵红顺老师(项目一、项目四和项目五)、王青老师(项目二)、李华老师(项目三)、杨琳老师(项目六)。全书由赵红顺负责统稿工作。

　　编写本教材时,查阅和参考了众多文献资料,受到许多教益和启发,在此向参考文献的作者致以诚挚的谢意。统稿过程中,学院的领导和教研室同事给予了很多支持和帮助,编者在此一并表示衷心的感谢。特别感谢教研室邹剑翔老师为本书的文字和画图方面所做的大量工作。

限于编者水平,书中缺点错误在所难免,恳请读者提出宝贵意见,以便修改。

编　者
2008 年 6 月

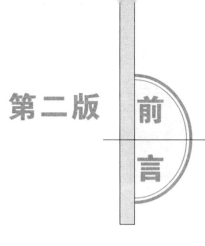

第二版 前言

　　本书自 2008 年初版以来,作为电气自动化专业及相关机电类专业高职高专学生的《电气控制技术》课程的教材用书,在使用过程中,受到了许多高职院校同行们的认可。普通认为,该书"项目引导、任务驱动"的体系结构,做到了理论与实践的有机结合,实现了教、学、做一体化的教学模式,注重学生应用能力和实践能力的培养。

　　作为"十二五"职业教育国家规划教材立项选题项目,此次本书在第一版的基础上进行修订,对部分内容进行了改写,使教材内容叙述清楚,通俗易懂,更加贴近生产实践。为了便于学生检验学习效果,除了完善各模块后的练习题外,还增加了各项目的自测题。

　　修订后的教材延续了原教材理论与实践一体化的风格,在结构上,由若干项目组成,项目内设模块,项目和模块按照由易到难的顺序递进;在内容上,围绕职业岗位(群)需求和职业能力,以工作任务为中心,以技术实践知识为焦点,以技术理论知识为背景,以拓展知识为延伸,形成了体现高职教育特点和优势、符合高职学生认知特点和学习规律的教材内容体系。修订时,在每个项目和模块前增加了对项目和模块内容的描述,使学生清楚各项目和模块的任务要求。

　　参加本书修订工作的有常州机电职业技术学院的赵红顺老师(项目一、项目四和项目五)、王青老师(项目二)、白颖老师(项目三)、杨琳老师(项目六)。全书由主编赵红顺负责统稿工作。在此,谨向他们以及多年来使用本书的同行与读者表示真诚的谢意! 感谢同行们的支持以及读者的厚爱! 同时敬请使用本书的同行与读者继续批评指正。

编　者
2013 年 10 月

项 目 一

三相异步电动机起动线路分析与接线

在电力拖动自动控制系统中,各种生产机械大部分都是由三相异步电动机拖动的。不同的生产机械,对电动机的控制要求也是不同的,主要实现对三相异步电动机的起动、正反转、调速、制动等运行方式的控制,以满足生产工艺要求,实现生产过程自动化。

本项目主要对三相异步电动机的单向起动、正反转起动、减压起动等控制线路进行分析与安装接线,学会电气控制线路分析方法,完成电气控制电路的安装接线和通电调试。

一、教学目标

1. 能熟练使用低压断路器、闸刀开关、按钮、接触器、熔断器、热继电器、时间继电器等电气器件;
2. 能读懂电动机铭牌参数,识别三相异步电动机的接线方式;
3. 能正确识读三相异步电动机起动控制线路原理图,并能够根据原理图连接线路;
4. 能对所接线路进行断电检查和通电调试,会用万用表检查,并能排除常见电气故障。

二、工作任务

1. 分析三相异步电动机直接起动、减压起动、正反转控制电路的工作原理;
2. 按工艺要求完成三相异步电动机起动控制线路的安装接线;
3. 进行检查和通电调试。

模块一 单向起动手动控制线路的分析与接线

电动机单向手动控制,就是利用电源开关直接控制三相异步电动机的起动与停止。电源开关可以使用闸刀开关、组合开关或低压断路器,常被用来控制砂轮机、冷却泵等设备。图1-1-1所示为用闸刀开关实现电动机运转的单向手动控制电路。

一、教学目标

1. 能熟练使用闸刀开关、熔断器、三相交流异步电动机;
2. 能正确分析三相异步电动机单向起动手动控制线路原理图,并根据原理图安装接线;
3. 能够完成三相异步电动机手动控制的起动、停止试验。

二、工作任务

分析图1-1-1所示三相异步电动机单向起动手动控制线路的工作原理,正确安装、接线并进行通电试验。

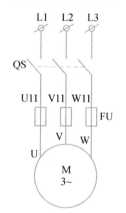

图1-1-1 电动机起动的手
动控制原理图

闸刀开关

螺旋式熔断器

三相交流异步电动机

图1-1-2 手动控制线路所用元器件的实物图

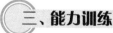 三、能力训练

1. 元器件认识与使用

要对图1-1-1所示电路能够正确安装、接线并进行通电试验,首先要认识图中所涉及的元器件:闸刀开关、熔断器和三相交流异步电动机,熟悉了解元器件的外形,进行

参数识读、测试等，掌握这些器件的功能和使用方法。图1-1-2是所用元器件的实物图。

1）闸刀开关

（1）用途　闸刀开关又称开启式负荷开关，是结构简单、应用最广泛的一种手动配电电器，在低压电路中主要用来隔离电源或手动接通与断开交直流电路，也可用于不频繁接通和分断容量不大的负载，如小型电动机、电炉等。

（2）外形与结构　图1-1-3是胶盖闸刀开关的外形与结构图，主要组成有：与操作瓷柄相连的动触刀、静触点刀座、熔丝、进线及出线接线座。这些导电部分都固定在瓷底板上，且用胶盖盖着，所以在合上闸刀时，操作人员不会触及带电部分。胶盖还具有以下保护作用：

① 将各极隔开，防止因极间飞弧导致电源短路；

② 防止电弧飞出盖外，灼伤操作人员；

③ 防止金属零件掉落在闸刀上形成极间短路。

熔丝的装设，提供了短路保护功能。

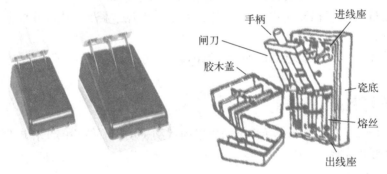

图1-1-3　胶盖闸刀开关外形与结构图

（3）种类与主要参数　闸刀开关按极数不同分单极（单刀）、双极（双刀）和三极（三刀）三种。常用的型号有HK1、HK2系列。表1-1-1列出了HK2系列胶盖闸刀开关部分技术参数。

表1-1-1　HK2系列胶盖闸刀开关的技术参数

额定电压 （V）	额定电流 （A）	极数	最大分断电流（熔断器 极限分断电流）（A）	控制电动机 功率（kW）	机械寿命 （万次）	电寿命 （万次）
250	10	2	500	1.1	10 000	2 000
	15	2	500	1.5		
	30	2	1 000	3.0		
380	15	3	500	2.2	10 000	2 000
	30	3	1 000	4.0		
	60	3	1 000	5.5		

常用的胶盖瓷底闸刀开关型号的含义如下：

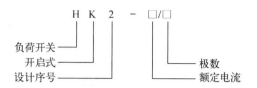

（4）闸刀开关安装与使用注意事项：

① 电源进线应装在静触点刀座上，而负荷应接在动触点一边的出线端。这样，当开关断开时，闸刀和熔丝上不带电。

② 闸刀在合闸状态时，手柄应向上，不可倒装或平装，以防误操作合闸。

（5）电路符号　闸刀开关的电路符号如图1-1-4所示。

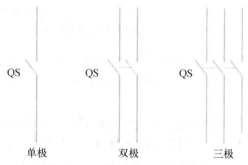

图 1-1-4　闸刀开关的电路符号

2）熔断器

（1）用途　熔断器是一种最简单有效的保护电器。在使用时，熔断器串接在所保护的电路中，当电路发生短路故障时，熔体被瞬时熔断而分断电路，起到保护作用。所以熔断器主要用作电气线路或电气设备的短路保护。

（2）外形与结构　图1-1-5所示是几种常用熔断器的外形，图1-1-6所示是瓷插式熔断器和螺旋式熔断器的主要结构。

RC1A系列瓷插式　　　RL6系列螺旋式　　　RM系列无填料封闭管式　　RT14系列有填料封闭管式

图 1-1-5　几种常用熔断器的外形

熔断器主要由熔体（俗称保险丝）和安装熔体的熔管（或熔座）两部分组成。熔体由易熔金属材料（铅、锌、锡、银、铜的合金）制成，通常制成丝状和片状。熔管是装熔体的外壳，由陶瓷等绝缘材料制成，在熔体熔断时兼有灭弧作用。

RC1A系列瓷插式熔断器主要由瓷底和瓷盖两部分组成。熔丝用螺钉固定在瓷盖内的铜闸片上，使用时将瓷盖插入底座，拔下瓷盖便可更换熔丝。由于这种熔断器使用方便、价格低廉而应用广泛。RC1A系列熔断器主要用于交流380 V及以下的电路末端作

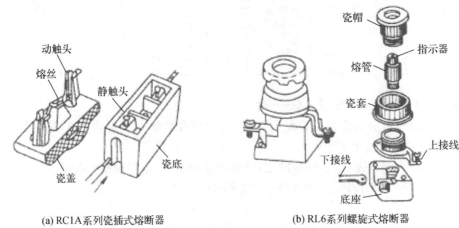

(a) RC1A系列瓷插式熔断器   (b) RL6系列螺旋式熔断器

图 1-1-6　熔断器的主要结构

线路和用电设备的短路保护。RC1A 系列熔断器额定电流为 5—200 A,但极限分断能力较差。由于该熔断器为半封闭结构,熔丝熔断时有声光现象,在易燃易爆的工作场合应禁止使用。

　　RL6 系列螺旋式熔断器主要由瓷帽、瓷套、熔管和底座等组成。熔管内装有石英砂、熔丝和带小红点的熔断指示器。当从瓷帽玻璃窗口观察到带小红点的熔断指示器自动脱落时,表示熔丝熔断了。熔管的额定电压为交流 500 V,额定电流为 2—200 A。螺旋式熔断器常用于机床控制线路,安装时要注意上、下接线端接法,为更换熔体安全起见,与螺纹相连的上接线端子必须与负载相连。

　　RM10 系列无填料封闭管式熔断器主要由熔管、熔体及插座组成。熔管用钢纸制成,两端为用黄铜制成的可拆式管帽,管内熔体为变截面的熔片,更换熔体较方便。

　　RT 系列有填料封闭管式熔断器主要由熔管、熔体及插座组成。熔管为白瓷质的,与RM10 熔断器类似,但管内充填石英砂,石英砂在熔体熔断时起灭弧作用,在熔管的一端还设有熔断指示器。该熔断器的分断能力比同容量的 RM10 型大 2.5—4 倍。RT 系列熔断器适用于交流 380 V 及以下、短路电流大的配电装置中,作为线路及电气设备的短路保护。

　　(3) 主要技术参数　　熔断器的主要技术参数有额定电压、额定电流、极限分断能力等。

　　表 1-1-2 至表 1-1-5 分别是几种常用熔断器的主要技术参数。

　　① 额定电压　　这是从灭弧角度出发考虑熔断器长期工作时和分断后能承受的电压。其线路值一般大于或等于线路的额定电压。

　　② 额定电流　　熔断器长期工作,各部分温升不超过允许值的最大工作电流。熔断器的额定电流有两种:一种是熔管额定电流,也称熔断器额定电流;另一种是熔体额定电流。生产厂家为降低生产成本,一般熔管额定电流的等级较少,而熔体额定电流等级较多。在同一种电流规格的熔断器内可安装不同规格的熔体,但所装熔体额定电流最大不能超过熔管的额定电流。

　　③ 极限分断能力　　熔断器额定工作条件下,能可靠分断的最大短路电流。

　　④ 熔断电流　　通过熔体并使其熔断的最小电流。

表 1-1-2　RC1A 系列瓷插式熔断器的主要技术参数

型　号	额定电压(V)	额定电流(A)	熔体额定电流(A)	熔体材料	极限分断能力(kA)
RC1A-5		5	2，5		0.25
RC1A-10		10	2，4，6，10	铅锡合金丝	0.5
RC1A-15		15	6，10，15		
RC1A-30	380	30	20，25，30		1.5
RC1A-60		60	40，50，60	铜丝	
RC1A-100		100	80，100		3
RC1A-200		200	120，150，200	变截面紫铜片	

表 1-1-3　RM10 系列无填料封闭管式熔断器的主要技术参数

型　号	额定电压(V)	额定电流(A)	熔体额定电流(A)	极限分断能力(kA)
RM10-15		15	6，10，15	1.2
RM10-60		60	15，20，25，35，45，60	3.5
RM10-100		100	60，80，100	
RM10-200	380	200	100，125，160，200	10
RM10-350		350	200，225，260，300，350	
RM10-600		600	350，430，500，600	12

表 1-1-4　RT 系列熔断器的主要技术参数

型　号	额定电压(V)	额定电流(A)	熔体额定电流(A)	极限分断能力(kA)
RT12-20		20	2，4，6，10，16，20	
RT12-32	415	32	20，25，32	80
RT12-63		63	32，40，50，63	
RT12-100		100	63，80，100	
RT14-20		20	2，4，6，8，10，12，16，20	
RT14-32	380	32	2，4，6，8，10，12，16，20，25，32	100
RT14-63		63	10，16，20，25，32，40，50，63	
RT18-32	380	32	2，4，6，10，16，20，25，32	50
RT18-63		63	20，25，32，40，50，63	

表 1-1-5　RL 系列螺旋式熔断器的主要技术参数

型　号	额定电压(V)	额定电流(A)	熔体额定电流(A)	极限分断能力(kA)
RL1-15	380	15	2，4，5，6，10，15	25
RL1-60		60	20，25，30，35，40，50，60	

型　　号	额定电压(V)	额定电流(A)	熔体额定电流(A)	极限分断能力(kA)
RL1－100	500	100	60，80，100	50
RL1－200		200	100，120，150，200	
RL6－25	500	25	2，4，6，10，16，20，25	50
RL6－63		63	35，50，63	
RL6－100		100	80，100	
RL6－200		200	125，160，200	

熔断器型号含义如下：

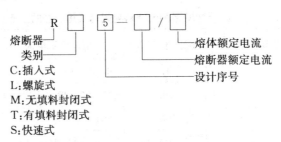

图1－1－7　熔断器的
电路符号

（4）电路符号　熔断器的电路符号如图1－1－7所示。

3）三相交流异步电动机

现代各种机械设备都广泛应用电动机来驱动。电动机按电源种类可分为交流电动机和直流电动机，交流电动机又分为异步电动机和同步电动机两种。异步电动机具有结构简单、工作可靠、价格低廉、维护方便、效率较高等优点，但是功率因数较低，调速性能不如直流电动机。异步电动机是所有电动机中应用最广泛的一种。一般的机床、起重机、传送带、鼓风机、水泵以及各种农副产品的加工机械等都普遍使用三相异步电动机，各种家用电器、医疗器械和许多小型机械则使用单相异步电动机，而在一些有特殊要求的场合则使用特种异步电动机。

（1）结构　三相交流异步电动机由两大基本部分组成：一是固定不动的部分，称为定子；二是旋转部分，称为转子。图1－1－8所示为一台三相交流异步电动机的外形和主要结构。

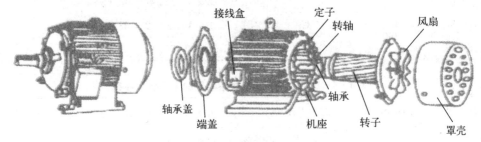

图1－1－8　三相异步电动机的外形和主要结构示意图

① 定子　定子由机座、定子铁心、定子绕组和端盖等组成。

定子绕组是定子的电路部分,中小型电动机一般采用漆包线绕制,共分三组,分布在定子铁心槽内。它们在定子内圆周空间的排列彼此相隔120°,构成对称的三相绕组,三相绕组共有六个出线端,通常接在置于电动机外壳上的接线盒中。三个绕组的首端接头分别用U1、V1、W1表示,其对应的末端接头分别用U2、V2、W2表示。三相定子绕组可以连接成星形或三角形,如图1-1-9所示。

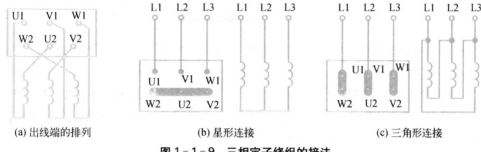

(a) 出线端的排列　　　　(b) 星形连接　　　　(c) 三角形连接

图1-1-9　三相定子绕组的接法

定子三相绕组的连接方式的选择,和普通三相负载一样,须视电源的线电压而定。如果电动机所接电源的线电压等于电动机的额定相电压(即每相绕组的额定电压),那么,它的绕组就应该接成三角形。通常电动机的铭牌上标有符号"Y/△"和数字"380/220",前者表示定子绕组的接法,后者表示对应于不同接法应加的线电压值。

② 转子　转子由转子铁心、转子绕组、转轴、风扇等组成。

转子铁心为圆柱形,通常由定子铁心冲片剩下的内圆硅钢片叠成,压装在转轴上。转子铁心与定子铁心之间有微小的空气隙,它们共同组成电动机的磁路。转子铁心外圆周上有许多均匀分布的槽,槽内安放转子绕组。

转子绕组有笼型和绕线型两种结构。笼型转子绕组是由嵌在转子铁心槽内的若干铜条组成的,两端分别焊接在两个短接的端环上。如果去掉铁心,转子绕组的外形就像一个笼子,故称笼型转子。目前中小型笼型电动机大都在转子铁心槽中浇注铝液,铸成笼型绕组,并在端环上铸出许多叶片,作为冷却的风扇。笼型转子的结构如图1-1-10所示。

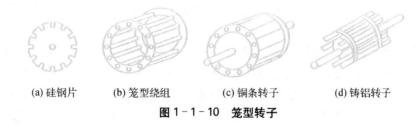

(a) 硅钢片　　　(b) 笼型绕组　　　(c) 铜条转子　　　(d) 铸铝转子

图1-1-10　笼型转子

绕线型转子的绕组与定子绕组相似,在转子铁心槽内嵌放对称的三相绕组,作星形连接。

三相绕组的三个尾端连接在一起,三个首端分别接到装在转轴上的三个铜制滑环上,通过电刷与外电路的可变电阻器相连接,用于起动或调速,如图1-1-11所示。

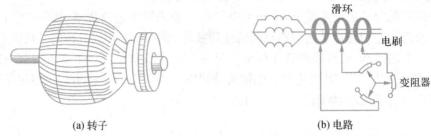

| (a) 转子 | (b) 电路 |

图 1-1-11　绕线型转子及电路

绕线型异步电动机由于其结构复杂、价格较高，一般只用于对起动和调速有较高要求的场合，如立式车床、起重机等。

（2）铭牌数据　三相异步电动机的机座上都有一块铭牌，上面标有电动机的型号、规格和有关技术参数，要正确使用电动机，就必须看懂铭牌。现以 Y180M-4 型电动机为例，来说明铭牌上各个数据的含义，如表 1-1-6 所示。

表 1-1-6　三相异步电动机的铭牌

三相异步电动机					
型号	Y180M-4	功率	18.5 kW	电压	380 V
电流	35.9 A	频率	50 Hz	转速	1 470 r/min
接法	△	工作方式	连续	外壳防护等级	IP44
产品编号	××××××	重量	180 kg	绝缘等级	B 级
××电机厂	×年×月				

① 型号　型号是电动机类型、规格的代号。国产异步电动机的型号由汉语拼音字母以及国际通用符号和阿拉伯数字组成。如 Y180M-4 中：Y 表示三相笼型异步电动机；180 表示机座中心高 180 mm；M 表示机座长度代号（S——短机座，M——中机座，L——长机座）；4 表示磁极数（磁极对数 $p=2$）。

② 接法　接法是指电动机在额定电压下，三相定子绕组的连接方式，Y或△。一般功率在 3 kW 及以下的电动机用Y接法，4 kW 及以上的电动机为△接法。

③ 额定频率 f_N（Hz）　额定频率是指电动机定子绕组所加交流电源的频率，我国工业用交流电源的标准频率为 50 Hz。

④ 额定电压 U_N（V）　额定电压是指电动机在正常运行时加到定子绕组上的线电压。

⑤ 额定电流 I_N（A）　额定电流是指电动机在正常运行时，定子绕组线电流的有效值。

⑥ 额定功率 P_N（kW）和额定效率 η_N　额定功率也称额定容量，是指在额定电压、额定频率、额定负载运行时，电动机轴上输出的机械功率。额定效率是指输出机械功率与输入电功率的比值。

额定功率与额定电压、额定电流之间存在以下关系：

$$P_N = \sqrt{3}U_N I_N \eta_N \cos\phi_N \qquad (1-1-1)$$

其中：$\cos\phi_N$ 是电动机的额定功率因数。

⑦ 额定转速 n_N(r/min)　额定转速是指在额定频率、额定电压和额定输出功率时,电动机每分钟的转数。

⑧ 温升和绝缘等级　电动机运行时,其温度高出环境温度的容许值。环境温度为 40℃,温升为 65℃ 的电动机最高允许温度为 105℃。

绝缘等级是指电动机定子绕组所用绝缘材料允许的最高温度等级,有 A、E、B、F、H、C 六级。目前一般电动机采用较多的是 E 级和 B 级。

容许温升的高低与电动机所采用的绝缘材料的绝缘等级有关。常用绝缘材料的绝缘等级和最高容许温度如表 1-1-7 所示。

表 1-1-7　绝缘等级和最高容许温度

绝缘等级	A	E	B	F	H	C
最高容许温度(℃)	105	120	130	155	180	>180

⑨ 功率因数 $\cos\phi$　三相异步电动机的功率因数在额定负载时约 0.7—0.9,空载时功率因数很低,只有 0.2—0.3。因此,必须正确选择电动机的容量,防止"大马拉小车",并力求缩短空载运行时间。

⑩ 工作方式　异步电动机常用的工作方式有三种。

连续工作方式:用代号 S1 表示,可按铭牌上规定的额定功率长期连续使用,而温升不会超过容许值。

短时工作方式:用代号 S2 表示,每次只允许在规定时间以内按额定功率运行,如果运行时间超过规定时间,则会使电动机过热而损坏。

断续工作方式:用代号 S3 表示,电动机以间歇方式运行。如起重机械的拖动多为此种方式。

（3）电路符号　三相交流异步电动机的电路符号如图 1-1-12 所示。

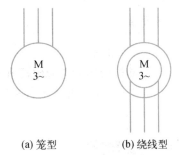

(a) 笼型　　(b) 绕线型

图 1-1-12　三相交流异步电动机的电路符号

2. 原理图分析

起动:闭合闸刀开关 QS,电动机 M 接通三相交流电源起动运转。

停止:断开闸刀开关 QS,电动机 M 断开三相交流电源停止运转。

3. 安装接线和通电调试

（1）准备材料　常用电工工具、万用表、网孔板、导线、闸刀开关、螺旋式熔断器、三相交流异步电动机。

（2）安装接线和试验　接线图如图 1-1-13 所示。

① 根据电动机容量选择闸刀开关和熔断器的规格(电压、电流);

② 用万用表检测电器元件的好坏;

③ 在网孔板上安装电器元件,接线安装应牢固,并符合工艺要求;

④ 将三相电源接入闸刀开关;

⑤ 经教师检验合格后通电试验。

⑥ 将所选择的闸刀开关和熔断器的规格填写在表 1-1-8 中。

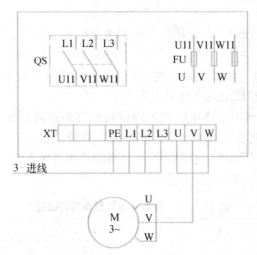

图 1-1-13　三相交流异步电动机手动控制线路的接线图

表 1-1-8　电动机、闸刀开关和熔断器的规格

元件名称	型号	额定电压(V)	额定电流(A)	熔体额定电流(A)
三相异步电动机				
闸刀开关				
熔断器				

（3）注意事项

① 电动机使用的电源电压和绕组的接法必须与铭牌上的规定相符；

② 通电试验时，观察是否有异常情况，若发现异常情况，应立即断电检查。

四、理论知识

问题 1：电气接线有哪些工艺要求？

问题 2：如何选择闸刀开关和熔断器的主要技术参数？

1. 电气接线工艺要求

（1）走线合理，做到横平竖直，整齐，各接点不能松动。

（2）避免交叉、架空线和叠线。

（3）对螺栓式接点，导线连接时，应打羊眼圈，并按顺时针旋转；对瓦片式接点，导线连接时，直线插入接点固定即可。

（4）导线变换走向要垂直，并做到高低一致或前后一致。

（5）严禁损伤线芯和导线绝缘层，接点上不能露出铜丝太多。

（6）每个接线端子上连接的导线根数一般以不超过两根为宜，并保证接线牢固。

（7）进出线应合理汇集在端子排上。

接线实例图如图 1-1-14 所示。

图 1-1-14　接线实例图（局部）

2. 闸刀开关、熔断器主要参数的选择原则

（1）闸刀开关选用原则　一般根据其控制回路的电压、电流来选择。闸刀开关的额定电压应大于或等于控制回路的工作电压。正常情况下，闸刀开关一般能接通和分断其额定电流，因此，对于普通负载可根据负载的额定电流来选择闸刀开关的额定电流。当用闸刀开关控制电动机时，考虑到其起动电流可达 4—7 倍的额定电流，宜选择闸刀开关的额定电流为电动机额定电流的 3 倍左右。

在选择胶盖瓷底闸刀开关时，应注意是三极还是两极的。

（2）熔断器选用原则　对熔断器的要求是：在电气设备正常运行时，熔断器不应熔断；在出现短路时，应立即熔断；在电流发生正常变动（如电动机起动过程）时，熔断器不应熔断；在用电设备持续过载时，应延时熔断。对熔断器的选用主要包括类型选择和熔体额定电流的确定。

选择熔断器的类型时，主要依据负载的保护特性和短路电流的大小。例如，用于保护照明和电动机的熔断器，一般是考虑它们的过载保护，这时，希望熔断器的熔化系数适当小些，所以容量较小的照明线路和电动机宜采用熔体为铅锌合金的 RC1A 系列熔断器。而大容量的照明线路和电动机，除过载保护外，还应考虑短路时分断短路电流的能力。若短路电流较小时，可采用熔体为锡质的 RC1A 系列或熔体为锌质的 RM10 系列熔断器。用于车间低压供电线路的保护熔断器，一般是考虑短路时的分断能力。当短路电流较大时，宜采用具有高分断能力的 RL 系列熔断器；当短路电流相当大时，宜采用有限流作用的 RT 系列熔断器。

熔断器的额定电压要大于或等于电路的额定电压。

熔断器额定电流的选择：先选定熔体额定电流，再根据熔断器额定电流不小于熔体额定电流的原则，确定熔断器额定电流。熔体额定电流要依据负载情况而定。

① 电阻性负载或照明电路，这类负载起动过程很短，运行电流较平稳，一般按负载额定电流的 1—1.1 倍选用熔体的额定电流，进而选定熔断器的额定电流。

② 电动机等感性负载，这类负载的起动电流为额定电流的 4—7 倍，一般选择熔体的额定电流要求为：

单台电动机，选择熔体额定电流为电动机额定电流的 1.5—2.5 倍；

对于频繁起动的单台电动机，选择熔体额定电流为电动机额定电流的 3—3.5 倍；

对于多台电动机，要求

$$I_{FU} \geqslant (1.5—2.5)I_{Nmax} + \sum I_N \qquad (1-1-2)$$

式中 I_{FU} 是熔体额定电流（A），I_{Nmax} 是容量最大的一台电动机的额定电流（A），$\sum I_N$ 是其余各台电动机额定电流之和。

应注意，为防止发生越级熔断，上、下级（供电干、支线）熔断器间应有良好的协调配合，为此，应使上一级（供电干线）熔断器的熔体额定电流比下一级（供电支线）大 1—2 个级差。

五、拓展知识

1. 三相交流异步电动机的工作原理

如图 1-1-15 所示，当定子绕组接通三相电源后，绕组中便有三相交变电流通过，并在空间产生一旋转磁场，设旋转磁场按顺时针方向旋转，则静止的转子同旋转磁场间就有了相

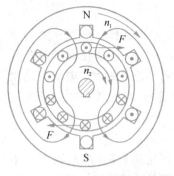

图 1-1-15　三相交流异步电动
机的工作原理图

对运动,转子导线因切割磁力线而产生感应电动势,由于旋转磁场按顺时针方向旋转,即相当于转子导线以逆时针方向切割磁力线,所以根据右手定则,确定出转子上半部导线的感应电动势方向是出来的,下半部的是进去的,由于所有转子导线的两端分别被两个铜环连在一起,因而相互构成了闭合回路,故在此电动势的作用下,转子导线内就有电流通过,此电流又与旋转磁场相互作用而产生电磁力。力的方向可按左手定则确定。这些电磁力对转轴形成一电磁转矩,驱动电动机旋转,其旋转方向同旋转磁场的旋转方向一致,因此,转子就顺着旋转磁场的旋转方向而转动起来。

如使旋转磁场反转,则转子的旋转方向也随之而改变。

不难看出,转子的转速 n_2 永远小于旋转磁场的转速(即同步转速)n_1。这是因为,如果转子的转速达到同步转速,则它与旋转磁场之间就不存在相对运动,转子导线将不再切割磁力线,因而其感应电动势、电流和电磁转矩均为零。由此可见,转子总是紧跟着旋转磁场以 $n_2 < n_1$ 的转速旋转。正因为如此,我们才把这种交流电动机称为异步电动机,又因为这种电动机的转子电流是由电磁感应而产生的,所以又把它叫做感应电动机。

2. 三相异步电动机定子绕组的首尾端判断

当电动机接线头损坏,定子绕组的六个线头分不清时,不可盲目接线,以免引起电动机的内部故障,因此,必须分清六个线头的首尾端后,才能接线。判断三相异步电动机定子绕组的首尾端有以下三种方法。

(1)直流法。首先用万用表电阻挡判断各相绕组的两个出线端,并进行假设编号。按图 1-1-16 的方法接线。

将万用表拨至直流毫安最小挡,合上开关瞬间,观察万用表指针摆动的方向。若指针正偏,则接电池正极的线头与万用表负极所接的线头同为首端或尾端。如指针反偏,则接电池正极的线头与万用表正极所接的线头同为首端或尾端。

再将电池和开关接另一相两个线头,进行测试,就可正确判别各相的首尾端。

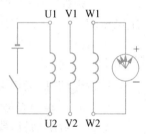

图 1-1-16　直流法判断
首尾端

(2)剩磁法。首先用万用表电阻挡判断各相绕组的两个出线端,并进行假设编号。给各相绕组假设编号为 U1、U2、V1、V2 和 W1、W2,按图 1-1-17接线,仍然用万用表毫安挡,用手转动电动机转子,若表针不动,说明假设的编号是正确的;若指针有偏转,则说明其中有一相首尾端假设编号不对,应逐相对调重测,直至正确为止。

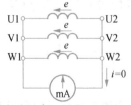

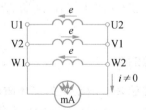

(a)指针不动说明首尾端假设正确　　　　(b)指针偏转说明首尾端假设不对

图 1-1-17　剩磁法判断首尾端

（3）低压交流电源法。首先用万用表电阻挡判断各相绕组的两个出线端，并进行假设编号。按图1-1-18接线。把其中任意两相绕组串联后再与电压表或万用表的交流电压挡连接，第三相绕组与36 V低压交流电源接通。通电后，若电压表无读数，说明连在一起的两个线头同为首端或尾端。若电压表有读数，则连在一起的两个线头中一个是首端，另一个是尾端。任定一端为已知首端，同法可定第三相的首尾端。

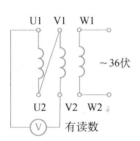
（a）两相绕组的一首端和一尾端相连

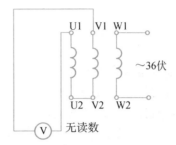
（b）两相绕组的首端或尾端相连

图 1-1-18 低压交流电源法判断首尾端

电动机定子绕组一相断线或电源一相断电，通电后电动机可能不能起动。即使空载能起动，转速慢慢上升，但有嗡嗡声，长时间会冒烟发热，并伴有烧焦味。

电动机定子绕组两相断线或电源两相断电，通电后电动机不能转动，但无异响，也无异味和冒烟。

六、练习

1. 画出三极闸刀开关、熔断器、交流电动机的电路符号。

2. 画出交流电动机绕组接成星形和三角形的连接及在接线盒中的连接形式。

3. 简述熔断器熔体额定电流的选择方法。

4. 有两台电动机，其电源线电压为380 V，其铭牌数据如下：

（1）Y90S-4，功率1.1 kW，电压220/380 V，连接方式△/Y，电流4.67/2.7 A，转速1 400 r/min，功率因数0.79。

（2）Y112M-4，功率4 kW，电压380/660 V，连接方式△/Y，电流8.8/5.1 A，转速1 440 r/min，功率因数0.82。

试选择定子绕组的接线方式和熔断器的电压电流。

5. 两台电动机不同时起动，一台电动机额定电流为14.8 A，另一台电动机额定电流为6.47 A，试选择同时对两台交流电动机进行短路保护的熔断器额定电流及熔体的额定电流。

6. 在图1-1-1所示的线路中，人为设置故障，通电运行，请观察故障现象并记录在表1-1-9中。

表 1-1-9 故障现象记录

故障设置元件	故障点	故障现象
闸刀开关	有一相触点接触不良	
熔断器	有一相熔体熔断	
	有两相熔体熔断	

模块二 单向起动自动控制线路的分析与接线

电动机单向起动控制线路一般用于单方向运转的小功率电动机的控制,如小型通风机、水泵,以及皮带运输机等机械设备,要求线路具有电动机连续运转控制功能。即按下起动按钮,电动机运转;松开起动按钮,电动机保持运转;只有按下停止按钮时,电动机才停转。如图 1-2-1 所示。

一、教学目标

1. 能识别和熟练使用接触器、热继电器、控制按钮;
2. 能正确分析三相异步电动机单向起动自动控制线路原理图,明确线路中所用电器元件的作用,根据原理图绘制安装接线图,完成安装接线;
3. 能够对所接电路进行检测和通电试验,并能用万用表检测电路和排除常见电气故障。

二、工作任务

分析图 1-2-1 所示三相异步电动机单向起动控制线路的工作原理,正确安装、接线,进行通电调试。

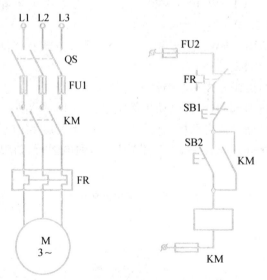

图 1-2-1 三相异步电动机单向起动控制线路

1. 元器件认识与使用

要对图1－2－1所示线路能够安装接线并进行通电调试,首先要认识图中新出现的元器件。在模块一实施的基础上再提供几种实物:接触器、热继电器、控制按钮,要通过对元器件进行外形观察、参数识读、测试等活动,掌握这些器件的功能和使用方法。图1－2－2是这些元器件的实物图。

交流接触器　　　　　　　热继电器　　　　　　　控制按钮

图1－2－2　电动机单向起动自动控制所用元器件的实物图

1) 接触器

(1) 用途　接触器是一种用来频繁接通和断开交、直流主电路及大容量控制电路的自动切换电器。它具有低压释放保护功能,可进行频繁操作,实现远距离控制,是电力拖动自动控制线路中使用最广泛的电气器件。

(2) 分类　按操作方式分,有电磁接触器、气动接触器和电磁气动接触器;按主触点控制的电流性质分,有交流接触器、直流接触器。在机床电气控制线路中,应用广泛的是交流接触器。

(3) 交流接触器

交流接触器主要由电磁机构、触点系统和灭弧装置等部分组成,如图1－2－3所示。

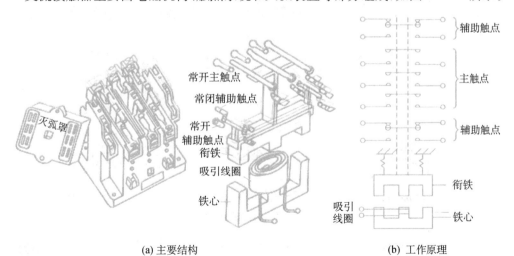

(a) 主要结构　　　　　　　(b) 工作原理

图1－2－3　交流接触器的结构和工作原理

电磁机构主要由吸引线圈、铁心和衔铁组成,其作用是利用吸引线圈的通电或断电,使衔铁和铁心吸合或释放,从而带动触点闭合或分断,实现接通或断开电路的目的。

根据衔铁运动方式的不同,交流接触器的电磁机构有两种基本类型,即衔铁绕轴运动的拍合式电磁机构和衔铁做直线运动的直动式电磁结构,如图1-2-4所示。

交流接触器电磁机构的线圈一般采用电压线圈,并联在电路中,匝数多,导线细,阻抗大,通以单相交流电压,其铁心一般用硅钢片叠铆而成,线圈一般做成短而粗的矮胖形。

交流接触器在运行过程中,线圈中通入的交流电在铁心中产生交变的磁通,因此铁心与衔铁间的吸力也是变化的。当交流电过零点时,电磁吸力小于弹簧反力,这会使衔铁产生振动,发出噪音。为降低衔铁振动,通常在铁心端面开一小槽,槽内嵌入铜质短路环,如图1-2-5所示。

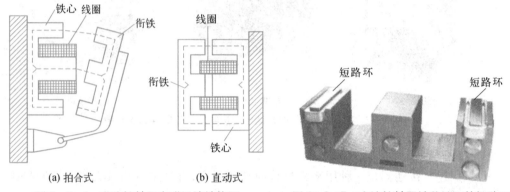

图1-2-4　交流接触器电磁系统结构图　　图1-2-5　交流接触器铁芯端面的短路环

按其接触情况,可分为点接触、线接触和面接触三种,如图1-2-6所示。接触面积越大,则通断电流越大。为了消除触点在接触时的振动,减小接触电阻,在触点上装有接触弹簧。按其结构形式,可分为桥式触点和指形触点两种,如图1-2-7所示。

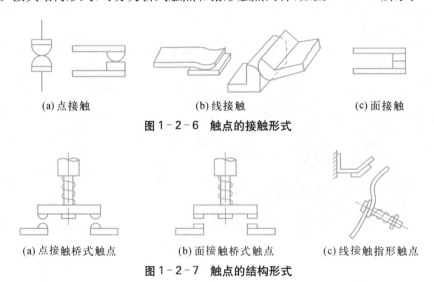

(a)点接触　　　　　　(b)线接触　　　　　　(c)面接触

图1-2-6　触点的接触形式

(a)点接触桥式触点　　(b)面接触桥式触点　　(c)线接触指形触点

图1-2-7　触点的结构形式

点接触由两个半球形触点或一个半球形与一个平面形触点构成,常用于小电流的电器中,如接触器的辅助触点和继电器触点;线接触常做成指形触点结构,它们的接触区是一条直线,触点通、断过程是滚动接触并产生滚动摩擦,适用于通电次数多、电流大的场合,多用于中等容量电器;面接触触点一般在接触表面镶有合金,允许通过较大电流,中小容量接触器的主触点多采用这种结构。

桥式触点在接通与断开电路时由两个触点共同完成,对灭弧有利。这类结构触点的接触形式一般是点接触和面接触。指形触点在接通或断开时产生滚动摩擦,能去掉触点表面的氧化膜,从而减小触点的接触电阻。指形触点的接触形式一般采用线接触。

触点按其通断电流大小,又可分为主触点和辅助触点两种。主触点一般由接触面积较大的常开触点组成,用来接通或断开主电路或大电流电路,接在主电路中。辅助触点一般由常开触点和常闭触点成对组成,一般允许通过的电流较小,接在控制电路或小电流电路中。触点按其是否可动,分为静触点和动触点。动触点会随着衔铁一起移动,静触点是用来连接在电路中的,有常开触点和常闭触点两种。

触点按其原始状态,分为常开触点和常闭触点。常开触点是指吸引线圈未通电时(原始状态),触点是断开的,当线圈通电后,触点才闭合,所以常开触点又称动合触点。常闭触点是指吸引线圈未通电时(原始状态),触点是闭合的,当线圈通电后,触点才断开,所以常闭触点又称动断触点。线圈断电后所有触点回复到原始状态。

交流接触器在分断大电流电路时,往往会在动、静触点之间产生很强的电弧。电弧一方面会烧伤触点,另一方面会使电路的切断时间延长,甚至会引起其他事故。因此,灭弧是接触器的主要任务之一。

容量较小(10 A 以下)的交流接触器一般采用的灭弧方法是双断口触点的电动力灭弧。

容量较大(20 A 以上)的交流接触器一般采用灭弧栅灭弧和窄缝灭弧。

灭弧罩常用陶土、石棉水泥或耐弧塑料制成。

直流接触器的结构和工作原理与交流接触器基本相同。因为直流接触器主要用于控制直流用电设备,其主触点通过的是直流电流,电弧不易熄灭,容易烧伤触点和延时断电,因此为了迅速灭弧,直流接触器一般采用磁吹灭弧装置。

直流接触器的电磁机构中,铁心和衔铁是由整块铸钢或铸铁制成的。由于铁心中不会产生涡流,而线圈匝数多、阻值大,本身易发热,因此线圈通常制成长而薄的瘦高形。

接触器的主要技术参数和常用型号有:

① 额定电压　接触器铭牌上的额定电压是指主触点的正常工作电压。交流接触器的额定电压一般为 127 V、220 V、380 V、660 V;直流接触器的额定电压一般为 110 V、220 V、440 V 及 660 V。辅助触点的常用额定电压一般为交流 380 V 或直流 220 V。

② 额定电流　接触器的额定电流是指主触点的正常工作电流。直流接触器的额定电流有 40 A、80 A、100 A、150 A、250 A、400 A 及 600 A;交流接触器的额定电流有 10 A、20 A、40 A、60 A、100 A、150 A、250 A、400 A 及 600 A。

③ 吸引线圈的额定电压　交流吸引线圈的额定电压一般有 36 V、127 V、220 V 和 380 V 四种,直流吸引线圈的额定电压一般有 24 V、48 V、110 V、220 V 和 440 V 五种。考虑到电网电压的波动,接触器的线圈允许在电压等于 105% 额定值时长期接通,而线圈的温升不会超过绝缘材料的允许温升。

④ 额定操作频率　由于交流吸引线圈在通电瞬间有很大的起动电流,如果通断频繁,就会引起线圈过热,所以限制了每小时的通断次数。一般交流接触器的额定操作频率

最高为 600 次/h,因此,对于频繁操作的场合,就采用了具有直流吸引线圈、主触点为交流的接触器。它们的额定操作频率可高达 1 200 次/h。

⑤ 使用类别 接触器用于不同负载时,其对主触头的接通和分断能力要求不同,按不同使用条件来选用,便能满足其要求。在电力拖动控制系统中,接触器常见的使用类别及典型用途见表 1-2-1。它们的主触头达到的接通和分断能力为:AC1 和 DC1 类允许接通和分断额定电流;AC2、DC3 和 DC5 类允许接通和分断 4 倍的额定电流;AC3 类允许接通 6 倍的额定电流和分断额定电流;AC4 类允许接通和分断 6 倍的额定电流。

表 1-2-1 接触器常见使用类别和典型用途

电流种类	使用类别	典 型 用 途
AC(交流)	AC1	无感或微感负载、电阻炉
	AC2	绕线转子异步电动机的起动、制动
	AC3	笼型异步电动机的起动、运转中分断
	AC4	笼型异步电动机的起动、反接制动、反向和点动
DC(直流)	DC1	无感或微感负载、电阻炉
	DC2	并励电动机的起动、反接制动和点动
	DC3	串励电动机的起动、反接制动和点动

此外,还有线圈起动功率和吸持功率、机械寿命和电气寿命(无载操作次数和有载操作次数)、可控制笼型异步电动机的功率及动作值等。

常用的交流接触器有 CJ20、CJX1、CJX2、CJ12 和 CJ10、CJ0 等系列,直流接触器有 CZ18、CZ21、CZ22 和 CZ10、CZ2 等系列。其型号含义如下:

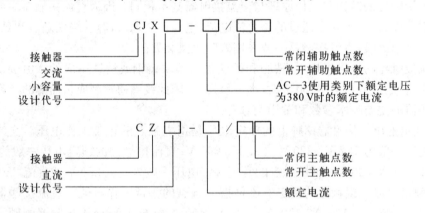

(6)电路符号 接触器的电路符号如图 1-2-8 所示。

KM

(a) 线圈	(b) 主触点	(c) 辅助常开触点	(d) 辅助常闭触点

图 1-2-8 接触器的电路符号

2）热继电器

（1）用途　热继电器主要用于三相异步电动机的长期过载保护。电动机在工作时，当负载过大、电压过低或发生一相断路故障时，电动机的电流都要增大，其值往往超过额定电流。如果超过不多，电路中熔断器的熔体不会熔断，但时间长了会影响电动机的寿命，甚至烧毁电动机，因此需要有过载保护。

（2）外形与结构　双金属片式热继电器由于结构简单、体积较小、成本较低，所以应用最广泛。双金属片式热继电器的结构如图1-2-9所示。

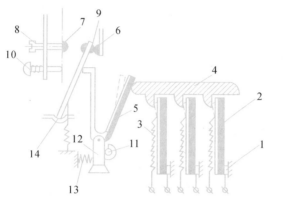

1—双金属片固定端
2—主双金属片
3—热元件
4—导板
5—补偿双金属片
6、7—静触点
8—螺钉
9—动触点连杆
10—复位按钮
11—调节偏心轮
12—支撑件
13—弹簧
14—瓷片

图1-2-9　热继电器结构原理图

热继电器主要由热元件和触点系统两部分组成。热元件有两个的，也有三个的。如果电源的三相电压均衡，电动机的绝缘良好，则三相线电流必相等，用两相结构的热继电器已能对电动机进行过载保护。电源电压严重不平衡或电动机的绕组内部有短路故障时，就有可能使电动机的某一相的线电流比其余两相高，两个热元件的热继电器就不能可靠地起到保护作用，这时就要用三相结构的热继电器。

常用的热继电器有JR16、JR20等系列，其型号含义如下：

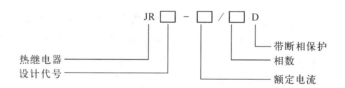

（3）主要参数　JR16系列热继电器的主要技术参数如表1-2-2所示。

表1-2-2　JR16系列热继电器的主要技术参数

型　　号	额定电压(V)	额定电流(A)	热元件额定电流(A)	额定电流范围(A)
JR16-20/3 JR16-20/3D	500	20	0.35—22	0.25—22
JR16-40/3D		40	0.64—40	0.4—40
JR16-150/3D		150	63—160	40—160

JR20系列热继电器的额定电流有10 A、16 A、25 A、63 A、160 A、250 A、400 A及600 A等8级，其电流整定范围如表1-2-3所示。

表 1-2-3 JR20 系列热继电器的整定电流范围

型 号	热元件号	整定电流范围（A）	型 号	热元件号	整定电流范围（A）
JR20-10	1R	0.1～0.13～0.15	JR20-160	6U	55～63～71
	2R	0.15～0.19～0.23		1W	33～40～47
	3R	0.23～0.29～0.35		2W	47～55～63
	4R	0.35～0.44～0.53		3W	63~-74~-84
	5R	0.53～0.67～0.8		4W	74～86～98
	6R	0.8～1～1.2		5W	85～100～115
	7R	1.2～1.5～1.8		6W	100～115～130
	8R	1.8～2.2～2.6		7W	115～132～150
	9R	2.6～3.2～3.8		8W	130～150～170
	10R	3.2～4～4.8		9W	144～160～176
	11R	4～5～6	JR20-16	1S	3.6～4.5～5.4
	12R	5～6～7		2S	5.4～6.7～8
	13R	6～7.2～8.4		3S	8～10～12
	14R	7～8.6～10		4S	10～12～14
	15R	8.6～10～11.6		5S	12～14～16
JR20-63	1U	16～20～24		6S	14～16～18
	2U	24～30～36	JR20-25	1T	7.8～9.7～11.6
	3U	32～40～47		2T	11.6～14.3～17
	4U	40～47～55		3T	17～21～25
	5U	47～55～62		4T	21～25～29

（4）电路符号　热继电器的电路符号如图 1-2-10 所示。

3）控制按钮

（1）用途　按钮是一种手动且可以自动复位和发号施令的主令电器，它适用于交流电压 500 V 或直流电压 440 V、电流为 5 A 以下的电路中。一般情况下它不直接操纵主电路的通断，而是在控制电路中发出"指令"，去控制接触器、继电器等电器，再由它们去控制主电路。控制按钮也可用于电气联锁等线路中。

（2）结构与电路符号　图 1-2-11 为复合按钮的结构与电路符号。

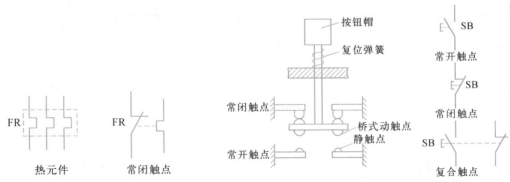

图 1-2-10　热继电器的电路符号
　　　　　　　　　　　图 1-2-11　按钮结构与电路符号

按钮一般由按钮帽、复位弹簧、桥式动触点、静触点和外壳等组成。根据触点结构的不同,按钮分为常闭按钮(常用作停止)、常开按钮(常用作起动)和复合按钮(常开和常闭组合的按钮)。

当手指未按下时,常闭触点是闭合的,常开触点是断开的;当手指按下时,常闭触点断开而常开触点闭合。手指放开后按钮自动复位。

为了便于识别各个按钮的作用,避免误操作,通常在按钮帽上作出不同标记或涂上不同颜色。一般红色表示停止按钮,绿色表示起动按钮。

(3)技术参数 目前常用的按钮有 LA18、LA19、LA20 和 LA25 等系列。LA20 系列按钮技术数据如表 1-2-4 所示。

表 1-2-4 LA20 系列按钮技术数据

型 号	触点数量		结构型式	按 钮		指示灯	
	常开	常闭		钮 数	颜 色	电压(V)	功率(W)
LA20-11	1	1	按钮式	1	红、绿、黄、白或黑	—	—
LA20-11J	1	1	紧急式	1	红	—	—
LA20-11D	1	1	带灯按钮式	1	红、绿、黄、白或黑	6	<1
LA20-11DJ	1	1	带灯紧急式	1	红	6	<1
LA20-22	2	2	按钮式	1	红、绿、黄、白或黑	—	—
LA20-22J	2	2	紧急式	1	红	—	—
LA20-22D	2	2	带灯按钮式	1	红、绿、黄、白或黑	6	<1
LA20-22DJ	2	2	带灯紧急式	1	红	6	<1
LA20-2K	2	2	开启式	2	白红或绿红	—	—
LA20-3K	3	3	开启式	3	白、绿、红	—	—
LA20-2H	2	2	保护式	2	白红或绿红	—	—
LA20-3H	3	3	保护式	3	白、绿、红	—	—

更换按钮时应注意:"停止"按钮必须是红色的;"急停"按钮必须是红色蘑菇头按钮;起动按钮呈绿色(若是正反转起动,一个方向呈黑色)。

LA 系列按钮型号含义如下:

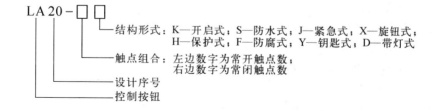

2. 原理图分析

(1) 叙述法

起动时,合上开关 QS,引入三相电源,按下起动按钮 SB2,接触器 KM 的线圈通电,接触器的主触点闭合,电动机接通电源直接起动运转。同时与 SB2 并联的辅助常开触点 KM 也闭合,使接触器线圈经两条路通电,这样,当松开 SB2 时,其常闭触点恢复闭合,KM 的线圈仍可通过 KM 触点继续通电,从而保持电动机的连续运行。这种依靠接触器自身辅助常开触点而使其线圈保持通电的功能称为自保或自锁,这一对起自锁作用的触点称作自锁触点。

要使电动机停止运转,只要按下停止按钮 SB1,将控制电路断开,接触器线圈 KM 断电释放,KM 的常开主触点将三相电源切断,电动机停止运转。当松开按钮 SB1 时,其常闭触点恢复闭合,接触器线圈已不能再依靠自锁触点通电了,因为原来闭合的 KM 常开触点早已随着接触器线圈的断电而断开了。

(2) 流程法

工程上,分析电路工作原理通常采用简化写法:线圈得电用"＋"表示;线圈断电用"－"表示。

① 主电路分析:合上 QS,当 KM 主触点闭合时,M 起动运行。

② 控制电路分析:具有自锁的控制电路还可以依靠接触器本身的电磁机构实现电路的欠电压与失电压保护。当电源电压由于某种原因而严重欠电压或失电压时,接触器的衔铁自行释放,电动机停止运转。而当电源电压恢复正常时,接触器线圈不能自动通电。只有在操作人员再次按下起动按钮 SB2 后,电动机才会起动。由此可见,欠电压与失电压保护是为了避免电动机在电源恢复时自行起动。

按下 SB2→KM$^+$→ $\begin{cases} \text{KM 主触点闭合→电动机接通三相电源起动运行;} \\ \text{KM 辅助常开触点闭合,自锁。} \end{cases}$

按下 SB1→KM$^-$→所有触点复位→电动机断电,停止运行。

3. 安装接线和通电调试

(1) 绘制安装接线图根据图 1-2-1 所示电路,选择所用电器元件,布置在电路板上。电器元件的布置应注意以下几方面。

① 体积大和较重的电器元件应安装在电器安装板的下方,而发热元件应安装在电器安装板的上方。

② 电器元件布置不宜过密,应留有一定间距。如用走线槽,应加大各排电器间距,以利布线和维修。

③ 电器元件的布置应考虑整齐、美观、对称。外形尺寸与结构类似的电器安装在一起,以利安装和配线。

完成电器元件布置后,要绘制安装接线图。安装接线图表明各电气元件之间的连接关系,绘制安装接线图的步骤如下:

第一步,在电气原理图中进行各接线端子的标记。

主电路线号的标记通常采用字母加数字的方法标注,控制电路线号采用数字标注。控制电路标记线号时可以按照由上到下、由左到右的顺序。线号标注的原则是:每经过一个电器元件,变换一次线号(不含接线端子)。图 1-2-12 所示为已经标记线号的三相异步电动机单向起动控制线路原理图。标记方法如下。

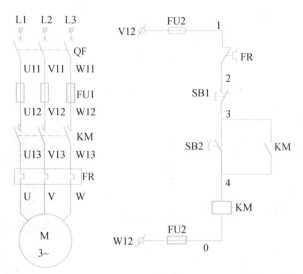

图 1-2-12 标记线号后的三相异步电动机单向起动
控制线路原理图

① 三相交流电路引入线采用 L1、L2、L3、N、PE 标记,直流电路的电源正、负线分别用 L+、L- 标记。

② 分级三相交流电源主电路采用三相文字代号 U、V、W 的前面加上阿拉伯数字 1、2、3 等来标记。如 1U、1V、1W、2U、2V、2W 等。

③ 各电动机分支电路各接点标记采用三相文字代号后面加数字来表示,数字中的十位数表示电动机代号,个位数表示该支路各结点的代号,从上到下按数值大小顺序标记。例如 U11 表示 M1 电动机的第一相得第一个结点代号,U12 表示 M1 电动机的第一相的第二个结点代号,以此类推。

④ 三相电动机定子绕组首端分别用 U1、V1、W1 标记,绕组尾端分别用 U2、V2、W2 标记,电动机绕组中间抽头分别用 U3、V3、W3 标记。

⑤ 控制电路采用阿拉伯数字编号。标注方法按"等电位"原则进行,在垂直绘制的电路中,标号顺序一般按自上而下、从左至右的规律来进行。凡是被线圈、触点等元件所间隔的接线端点,都应标以不同的线号。

第二步,画元器件框及符号。依照安装位置,在接线图上画出元器件电气符号图形及外框。

第三步,填充连线的去向和线号。在元器件连接导线的线侧和线端标注线号。

绘制好的电气安装接线图应对照原理图仔细核对,防止错画、漏画,避免给制作线路和试车过程造成麻烦。图 1-2-13 所示为三相异步电动机单向起动控制线路的安装接线图。

（2）安装接线

根据安装接线图完成接线。三相异步电动机单向起动控制线路的接线样板如图 1-2-14 所示。

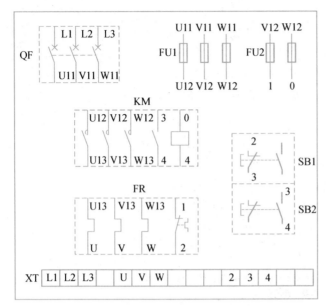

图 1-2-13 三相异步电动机单向起动控制线路的安装接线图

图 1-2-14 三相异步电动机单向起动控制线路的接线样板

说明:图 1-2-12、图 1-2-13 和图 1-2-14 中电源开关用的是低压断路器,在后续模块中将作介绍。

(3) 元件检测与线路检查

元件检测 触点用万用表的电阻挡(0—2 kΩ 挡)检测,常开触点电阻无穷大,常闭触点电阻值为零;接触器或继电器的线圈有一定的电阻值;熔断器熔体阻值为零。

线路检查 对所接线路进行断电检查和通电调试。

① 断电检查是指按电气原理图或安装接线图,从电源端开始,逐段核对接线及接线端子处是否正确,有无漏接、错接之处。

对主电路检查时,电源线 L1、L2、L3 先不要通电,合上 QF,用手压下接触器 KM 的衔铁来代替接触器线圈 KM 得电吸合时的情况进行检查,依次测量从电源端(L1、L2、L3)到电动机出线端子(U、V、W)的每一相电路的电阻值,检查是否存在开路或接触不良的现象。

对控制电路检查时,将万用表置电阻挡(2K),两表棒放在熔断器 FU2 的下端,按下起动按钮 SB2,读数应为接触器 KM 的线圈电阻值(如 CJT1-10 约 1.5 kΩ 左右);用电笔强行压下 KM 的衔铁,使 KM 的常开触点闭合,读数也应为接触器 KM 的线圈电阻值。

② 通电调试是指操作相应按钮,观察电器动作情况。合上开关 QF,引入三相电源,按下起动按钮 SB2,接触器 KM 的线圈通电,衔铁吸合,接触器的主触点闭合,电动机接通电源直接起动运转。松开 SB2 时,KM 的线圈仍可通过 KM 辅助常开触点继续通电,从而保持电动机的连续运行。

按下停止按钮 SB1,接触器 KM 的线圈断电,衔铁释放,电动机停止。

问题1:交流接触器、热继电器的工作原理是什么?

问题2:为什么电路中要同时用熔断器、热继电器来保护?

1. 交流接触器和热继电器的工作原理

交流接触器有两种工作状态:得电状态(动作状态)和失电状态(释放状态)。接触器主触点的动触点装在与衔铁相连的绝缘连杆上,其静触点则固定在壳体上。当线圈得电后,线圈产生磁场,使铁心产生电磁吸力,将衔铁吸合。衔铁带动动触点动作,使常闭触点断开,常开触点闭合,分断或接通相关电路。当线圈失电时,电磁吸力消失,衔铁在反作用弹簧的作用下释放,各触点随之复位。

热继电器是利用电流的热效应原理实现电动机过载保护的。当电动机过载时,通过发热元件的电流超过整定电流,双金属片受热向上弯曲脱离扣板,使常闭触点断开。由于常闭触点是接在电动机的控制电路中的,它的断开会使得与其串联的接触器线圈断电,从而接触器主触点断开,电动机的主电路断电,实现了过载保护。热继电器动作后,双金属片经过一段时间冷却,自动复位或按下复位按钮复位。

2. 熔断器、热继电器的不同保护作用

熔断器作为电路的短路保护,一旦发生短路故障时,应能迅速地切断电路。

热继电器不能兼作短路保护,因为发生短路时,它可能还没动作电器设备就已经损坏了。

由于热继电器是受热而动作的,热惯性较大,因而即使通过发热元件的电流短时间内超过整定电流几倍,热继电器也不会立即动作。只有这样,在电动机起动时热继电器才不会因起动电流大而动作,否则电动机将无法起动。反之,如果电流超过整定电流不多,但时间一长也会动作。由此可见,热继电器与熔断器的作用是不同的,热继电器只能作过载保护而不能作短路保护,而熔断器则只能作短路保护而不能作过载保护。在一个较完善的控制电路中,特别是容量较大的电动机中,这两种保护都应具备。

3. 接触器、热继电器、控制按钮主要参数的选择原则

(1) 接触器的选用原则

① 根据用电系统或设备的种类和性质选择接触器的类型。一般交流负载应选用交流接触器,直流负载应选用直流接触器。如果控制系统中主要是交流负载,直流电动机或直流负载的容量较小,也可都选用交流接触器,但触点的额定电流应选得大些。

② 根据系统的额定电压和额定电流选择接触器的额定参数。被选用的接触器主触点的额定电压与额定电流应大于或等于负载的额定电压与额定电流。

③ 选择接触器吸引线圈的电压。如果控制电路比较简单,所用接触器的数量较少,则交流接触器线圈的额定电压一般直接选用380 V或220 V。如果线路比较复杂,使用电器又较多,为了安全起见,线圈额定电压可选低一些,这时需要加一个变压器。直流接触器线圈的额定电压有好几种,可以选择线圈的额定电压和直流控制电路的电压一致。

此外,直流接触器的线圈加的是直流电压,交流接触器的线圈加的是交流电压。如果

把直流电压的线圈加上交流电压,因阻抗太大,电流太小,则接触器往往不能吸合。如果把交流电压的线圈加上直流电压,因电阻太小,会烧坏线圈。

(2)热继电器的选用原则

① 一般情况下可选用两相结构的热继电器。对于电网电压均衡性较差,无人看管的电动机或大容量电动机共用一组熔断器的电动机,宜选用三相结构的热继电器。三相绕组作三角形接法的电动机,应采用有断相保护装置的三相热继电器作过载保护。

② 热元件的额定电流等级一般应大于电动机的额定电流。热元件选定后,再根据电动机的额定电流调整热继电器的整定电流,使整定电流与电动机的额定电流基本相等。

③ 双金属片式热继电器一般用于轻载、不频繁启动的过载保护。对于重载或频繁启动的电动机则可用过电流继电器(延时型)作它的过载保护。因为热元件受热变形需要时间,故热继电器不能用作短路保护。

④ 对于工作时间较短、间歇时间较长的电动机,以及虽然长期工作但过载的可能性很小的电动机(例如排风机),可以不设过载保护。

热继电器尽管选用得当,但使用不当时也会降低对电动机的过载保护能力,因此,必须正确使用热继电器。

热继电器本身的额定电流等级并不多,但其发热元件编号很多,每一种编号都有一定的电流整定范围,故在使用上应先使发热元件的电流与电动机的电流相适应,然后根据电动机的实际运行情况再做上下范围的适当调节。

(3)控制按钮选用原则

① 根据使用场合,选择控制按钮的种类,如开启式、防水式、防腐式等。

② 根据用途,选择控制按钮的结构形式,如钥匙式、紧急式、带灯式等。

③ 根据控制回路的需求,确定按钮数,如单钮、双钮、三钮、多钮等。

④ 根据工作状态指示和工作情况的要求,选择按钮及指示灯的颜色。

五、拓展知识

1. 三相异步电动机点动控制线路

三相异步电动机单向起动控制线路,其功能是实现电动机的连续运行控制。但有些生产机械要求按钮按下时,电动机运转;按钮松开时,电动机就停止,这就是点动控制。生产机械在进行试车和调整时要求点动控制。三相异步电动机点动控制线路如图 1-2-15 所示,三相异步电动机既能实现点动,又能实现连续控制的线路如图 1-2-16 所示。其中图 1-2-16(a)是用开关 SA 断开与接通自锁电路。合上开关 SA 时,实现连续运转;SA 断开时,可实现点动控制。图 1-2-16(b)是用复合按钮 SB3 实现点动控制的,按钮 SB2 实现连续运转控制。

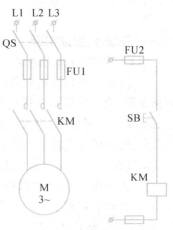

图 1-2-15　三相异步电动机点动控制线路

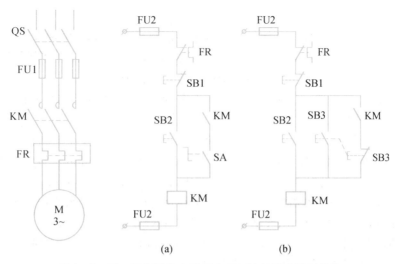

(a)　　　　　(b)

图 1-2-16　三相异步电动机点动与连续混合控制线路

2. 电气原理图的识读与绘制

电气系统图中电气原理图应用最多。为便于阅读与分析控制线路,根据简单、清晰的原则,电气原理图采用电气元件展开的形式绘制而成,它包括所有电气元件的导电部件和接线端点,但并不按电气元件的实际位置来画,也不反映电气元件的形状、大小和安装方式。

由于电气原理图具有结构简单、层次分明、适于研究和分析电路的工作原理等优点,所以无论在设计部门还是生产现场都得到了广泛应用。图 1-2-17 所示为某机床电气原理图。

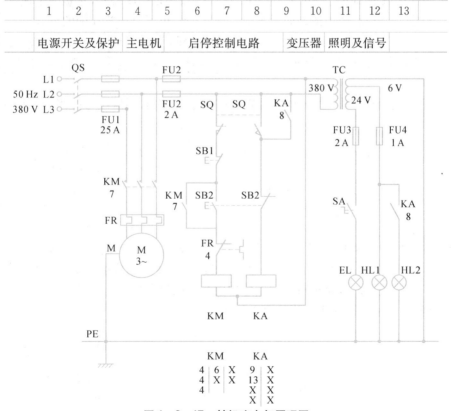

图 1-2-17　某机床电气原理图

（1）识读的方法和步骤　阅读继电—接触器控制原理图时，要掌握以下几点：

① 电气原理图主要分为主电路和辅助电路两部分。电动机的通路为主电路，接触器等吸引线圈的通路为控制电路。此外还有信号电路、照明电路等。

② 原理图中，各电器元件不画实际的外形图，而采用国家规定的统一标准画法，文字符号也要符合国家规定。

③ 在电气原理图中，同一电器的不同部件常常不画在一起，而是画在电路的不同地方，同一电器的不同部件都用相同的文字符号标明。例如，接触器的主触点通常画在主电路中，而吸引线圈和辅助触点则画在控制电路中，但它们都用 KM 表示。

④ 同一种电器一般用相同的字母表示，但在字母的后边加上数字或其他字母以示区别，例如两个接触器分别用 KM1、KM2 表示，或用 KMF、KMR 表示。

⑤ 全部触点都按常态给出。对接触器和各种继电器，常态是指未通电时的状态；对按钮、行程开关等，则是指未受外力作用时的状态。

⑥ 原理图中，无论是主电路还是辅助电路，各电气元件一般按动作顺序从上到下、从左到右依次排列，可水平布置或者垂直布置。

⑦ 原理图中，有直接联系的交叉导线连接点，要用黑圆点表示。无直接联系的交叉导线连接点不画黑圆点。

在阅读电气原理图以前，必须对控制对象有所了解，尤其对于机、液（或气）、电配合得比较密切的生产机械，单凭电气线路图往往不能完全看懂其控制原理，只有了解了有关的机械传动和液压（气压）传动后，才能搞清全部控制过程。

（2）图面区域的划分　图纸上方的 1、2、3 等数字是图区编号，它是为了便于检索电气线路、方便阅读分析、避免遗漏而设置的。图区编号也可以设置在图的下方。

图区编号下方的"电源开关及保护……"等字样，表明对应区域内元件或电路的功能，使读者能清楚地知道某个元件或某部分电路的功能，以利于理解全电路的工作原理。

（3）符号位置的索引　符号位置的索引用图号、页次和图区编号的组合索引法，索引代号的组成如下：

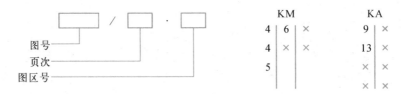

电气原理图中，接触器和继电器线圈与触点的从属关系应用附图表示。即在原理图中相应线圈的下方，给出触点的图形符号，并在其下面注明相应触点的索引代号，对未使用的触点用"×"表示。有时也可采用上述省去触点的表示法。

对接触器，上述表示法中各栏的含义如下：

左栏	中栏	右栏
主触点所在图区号	辅助常开触点所在图区号	辅助常闭触点所在图区号

对继电器,上述表示法中各栏的含义如下:

左栏	右栏
常开触点所在图区号	常闭触点所在图区号

六、练习

1. 连接三相异步电动机的单向起动控制线路并操作。在通电试车时,若发现一接通电路,电动机就自行起动,试分析其故障原因,并用万用表检测故障点。

2. 在电动机主电路中,安装了熔断器,为什么还要安装热继电器?

3. 一台长期工作的三相交流异步电动机的额定功率为 13 kW,额定电压为 380 V,额定电流为 25.5 A,试按电动机额定工作状态选择热继电器型号、规格,并说明热继电器整定电流的数值。

4. 试分析如图 1-2-18 所示的各电路中的错误,说明工作时会出现什么现象,并加以改正。

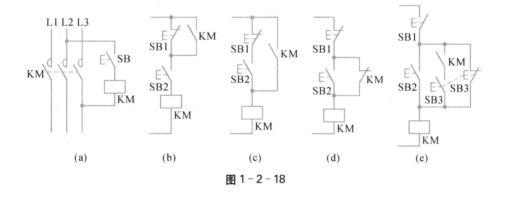

图 1-2-18

模块三 三相异步电动机正反转控制线路的分析与接线

单向起动电路只能使电动机朝一个方向旋转,但在实际生产中,许多生产机械往往要求运动部件能实现正反两个方向的运动,如机床工作台的前进与后退、主轴的正转与反转、起重机吊钩的上升与下降等,这就要求电动机可以正反转。

一、教学目标

1. 能识别和熟练使用组合开关、低压断路器;
2. 能正确分析三相异步电动机正反转控制线路原理图,并根据原理图安装、接线;
3. 根据电气原理图进行三相异步电动机正反转,控制线路的安装接线和通电调试,并能用万用表检查线路和排除常见电气故障。

二、工作任务

分析图1-3-1所示三相异步电动机正反转控制线路的工作原理,并正确安装接线和通电调试。

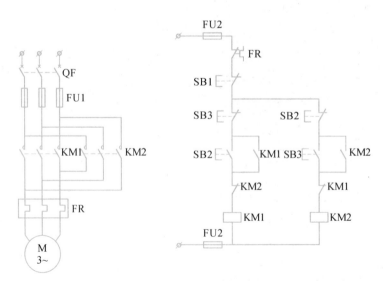

图1-3-1 三相异步电动机正反转控制线路原理图

1. 元器件认识与使用

低压断路器又称自动开关或空气开关,是一种既能作开关用,又具有电路自动保护功能的低压电器。当电路发生过载、短路以及失压或欠压等故障时,低压断路器能自动切断故障电路,有效保护串接在它后面的电气设备。在正常情况下,低压断路器也可用于不频繁接通和断开电路及控制电动机。

(1)主要结构和工作原理

低压断路器主要由三大部分组成:一是触点和灭弧系统,这是通断电路的部件;二是各种脱扣器,这是检测电路异常状态并作出反应,即保护性动作的部件;三是操作机构和自由脱扣机构,这是中间联系部件,用来联系操作机构和主触点的机构。

图 1-3-2 是塑壳式低压断路器外形、结构原理图。

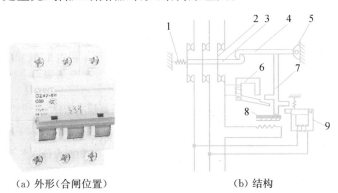

(a)外形(合闸位置)　　　　　　　　(b)结构

图 1-3-2 塑壳式低压断路器外形与结构示意图

1—复位弹簧　2—主触点　3—传动杆　4—锁扣　5—轴　6—过电流脱扣器　7—杠杆
8—热脱扣器　9—欠电压失电压脱扣器

图 1-3-2 是一个三极低压断路器,三个主触点串联在被保护的三相主电路中。手动扳动按钮为"合"位置(图中未画出),此时传动杆(3)由锁扣(4)钩住,保持主触点的闭合状态,同时弹簧(1)已被拉伸。要使开关分断,扳动按钮为"分"位置(图中未画出),锁扣(4)被杠杆(7)顶开[锁扣(4)可绕轴(5)转动],三对主触点(2)就被弹簧(1)拉开,电路分断。

空气开关的自动分断功能,是由过电流脱扣器(6)、欠电压失电压脱扣器(9)和热脱扣器(8)使锁扣(4)被杠杆(7)顶开而完成的。

过电流脱扣器(6)的线圈和主电路串联,当线路工作正常时,所产生的电磁吸力不能将衔铁吸合,只有当电路发生短路或产生很大的过电流时,电磁吸力才能将衔铁吸合,撞击杠杆(7),顶开锁扣(4),使主触点(2)断开,从而将电路分断。

欠电压失电压脱扣器(9)的线圈并联在主电路上,当线路电压正常时,欠压脱扣器产生的电磁吸力能够克服弹簧的拉力将衔铁吸合,如果线路电压降到某一值以下,电磁吸力小于弹簧的拉力,衔铁被弹簧拉开,衔铁撞击杠杆(7)使搭钩顶开,则主触点(2)分断电路。当线路发生过载时,过载电流通过热脱扣器的发热元件而使双金属片受热弯曲,于是撞击杠杆(7)顶开锁扣(4),使触点断开,从而起到过载保护作用。根据不同的用途,自动开关可配备不同的脱扣器。

(2)分类

低压断路器按结构分为万能式(框架式)和塑料外壳式(装置式)两种。控制线路中常用塑壳式自动开关作为电源引入开关或作为控制和保护不频繁起动、停止的电动机开关,以及用于宾馆、机场、车站等大型建筑的照明电路。其操作方式多为手动,主要有扳动式和按钮式两种。万能式(框架式)主要用于供配电系统。

低压断路器与刀开关和熔断器相比,具有以下优点:结构紧凑,安装方便,操作安全,而且在进行短路保护时,由于用过电流脱扣器将电源同时切断,避免了电动机缺相运行的可能。另外,低压断路器的脱扣器可以重复使用,不必更换。

(3) 常用型号及主要参数

常用的塑壳式断路器主要有 DZ5、DZ10、DZ15、DZ20 等系列。

低压断路器的型号含义如下,其技术数据见表 1-3-1。

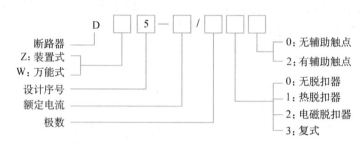

表 1-3-1 DZ15 系列塑壳式断路器技术指标

型 号	极 数	额定电流(A)	额定电压(V)	额定短路分断能力(kA)	机械寿命(万次)	电寿命(万次)
DZ15-40	1	6、10、16、20、25、32、40	AC220	3	1.5	1.0
	2、3		AC380			
DZ15-63	1	10、16、20、25、32、40、50、63	AC220	5	1.0	0.6
	2、3、4		AC380			

(4) 选用原则

① 低压断路器的额定电压和额定电流应不小于电路的额定电压和最大工作电流;

② 热脱扣器的整定电流应与所控制负载的额定工作电流一致;

③ 欠电压脱扣器额定电压应等于线路额定电压;

④ 过电流脱扣器的瞬时脱扣整定电流应大于负荷电流正常工作时的最大电流;

⑤ 对于单台电动机,DZ 系列电磁脱扣器的瞬时脱扣整定电流 Iz 为

$$Iz \geqslant (1.5 \sim 1.7)Iq \qquad (1-3-1)$$

其中:Iq 为电动机的起动电流。

对于多台电动机,DZ 系列电磁脱扣器的瞬时脱扣整定电流 Iz 为

$$Iz \geqslant (1.5 \sim 1.7)Iqmax + \sum I_N \qquad (1-3-2)$$

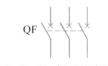

图 1-3-3 低压断路器的电路符号

其中:Iqmax 为最大一台电动机的起动电流。$\sum I_N$ 为其他电动机额定电流之和。

(5) 电路符号 低压断路器的电路符号如图 1-3-3 所示。

项目一

2. 原理图分析

（1）主电路　合上 QF，当 KM1 主触点闭合时，电动机正向运转；当 KM2 主触点闭合时，电动机反向运转。

（2）控制电路

① 正转控制

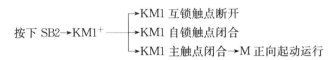

按下 SB2→KM1⁺ →KM1 互锁触点断开
　　　　　　　 →KM1 自锁触点闭合
　　　　　　　 →KM1 主触点闭合→M 正向起动运行

② 反转控制

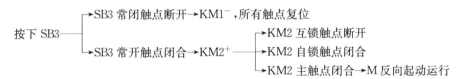

按下 SB3 →SB3 常闭触点断开→KM1⁻，所有触点复位
　　　　　→SB3 常开触点闭合→KM2⁺ →KM2 互锁触点断开
　　　　　　　　　　　　　　　　　　 →KM2 自锁触点闭合
　　　　　　　　　　　　　　　　　　 →KM2 主触点闭合→M 反向起动运行

③ 停止控制

按下 SB1→KM1⁻（或 KM2⁻）→KM1 或 KM2 所有触点复位→M 停止

3. 安装接线和通电调试

（1）绘制安装接线图

根据图 1-3-1 所示电路，选择所用电器元件，把电器元件布置在安装电路板上。完成电器元件布置后，即绘制安装接线图。首先在电气原理图中进行各接线端子的标记，如图 1-3-4 所示。

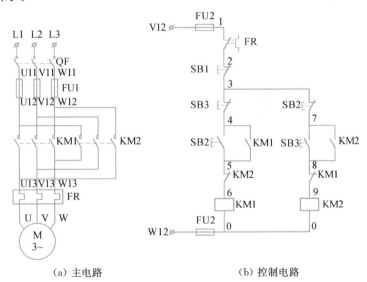

（a）主电路　　　　　　　　　　　（b）控制电路

图 1-3-4　标记线号后的具有双重互锁的三相异步电动机正反转控制电路原理图

根据已经标记线号的电气原理图，绘制具有双重互锁的三相异步电动机正反转控制线路的安装接线图，如图 1-3-5 所示。注意，所有接线端子标注编号应与原理图一致，不能有误。

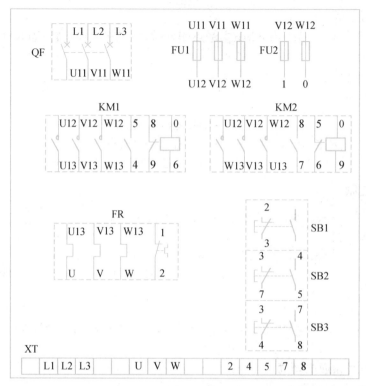

图 1-3-5　具有双重互锁的三相异步电动机正反转控制线路的安装接线图

（2）安装接线

根据安装接线图，完成具有双重互锁的三相异步电动机正反转控制线路的安装接线。接线样板如图 1-3-6 所示。

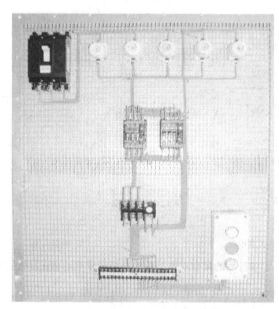

图 1-3-6　具有双重互锁的三相异步电动机正反转
控制接线样板

—————————————　项目一　x

（3）电路检查及通电调试

① 不通电检查　按电气原理图或安装接线图，从电源端开始，逐段核对接线及接线端子处是否正确，有无漏接、错接之处。检查导线接点是否符合要求，压接是否牢固。

用万用表检查线路的通断情况。检查时，应选用倍率适当的电阻挡，并进行校零，以防短路故障发生。

对主电路检查时，电源线 L1、L2、L3 先不要通电，合上 QF，先用手压下接触器 KM1 的衔铁来代替接触器 KM1 得电吸合时的情况进行检查，依次测量从电源端（L1、L2、L3）到电动机出线端子（U、V、W）之间的每一相线路的电阻值，检查电动机正转时主电路是否存在开路现象。再用手压下接触器 KM2 的衔铁来代替接触器 KM2 得电吸合时的情况进行检查，依次测量从电源端（L1、L2、L3）到电动机出线端子（W、V、U）之间的每一相线路的电阻值，检查电动机反转时主电路是否存在开路现象。

对控制电路进行检查时（可断开主电路），可用表棒分别搭在 FU2 的两个出线端上（V12 和 W12），此时读数应为"∞"。按下正转起动按钮 SB2 或反转起动按钮 SB3，读数应为接触器 KM1 或 KM2 线圈的电阻值；用手压下 KM1 或 KM2 的衔铁，使 KM1 或 KM2 的常开触点闭合，读数也应为接触器 KM1 或 KM2 线圈的电阻值。同时按下 SB2 和 SB3，或者同时压下 KM1 和 KM2 的衔铁，万用表读数应为"∞"。

② 通电调试　操作相应按钮，观察电器动作情况。

把 L1、L2、L3 三端接上电源，合上空气开关 QF，引入三相电源，按下按钮 SB2，KM1 线圈得电吸合自锁，电动机正向起动运转。按下按钮 SB3，KM2 线圈得电吸合自锁，电动机反向起动运转。同时按下 SB2 和 SB3，KM1 和 KM2 线圈都不吸合，电动机不转。按下停止按钮 SB1，电动机停止工作。

操作过程中，如果出现不正常现象，应立即断开电源，分析故障原因，用万用表仔细检查电路，在指导老师认可的情况下，才能再通电调试。

四、理论知识

问题1：三相异步电动机正反转控制线路为什么要用双重互锁控制？

问题2：电气互锁和按钮互锁在三相异步电动机正反转控制线路中是如何实现的？

1. 电气互锁

将正、反转接触器的常闭触点串接在反、正转接触器线圈电路中，起互锁作用，这种互锁称为电气互锁。

工作原理：如图 1-3-7 所示，合上电源开关 QF，按下正转起动按钮 SB2，此时 KM2 线圈的辅助常闭触点没有动作，因此 KM1 线圈通电，并进行自锁，其辅助常闭触点断开，起到互锁作用。同时，KM1 主触点接通主电路，输入电源的相序为 L1、L2、L3，使电动机正转。要使电动机反转时，先按下停止按钮 SB1，使接触器 KM1 线圈失电，相应的主触点断开，电动机停转，KM1 辅助常闭触点复位，为反转作准备。然后再按下反转起动按钮 SB3，KM2 线圈得电，触点的相应动作同样起自锁、互锁和接通主电路作用，输入电源的相序变成了 L3、L2、L1，使电动机实现反转。

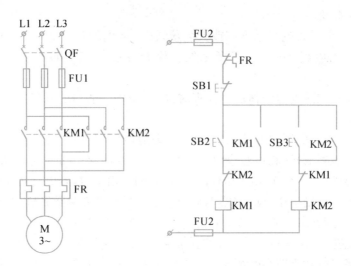

图1-3-7 具有电气互锁的三相异步电动机正反转控制线路原理图

对于这种线路,要改变电动机的转向时,必须先按下停止按钮,使电动机停止正转,再按下反转按钮,才能使电动机反转,即实现"正—停—反",操作不便。

2. 按钮互锁

将正、反转起动按钮的常闭触点串接在反、正转接触器线圈电路中,起互锁作用,这种互锁称为按钮互锁。

工作原理:如图1-3-8所示,合上电源开关 QF,按下 SB2,KM1 线圈得电,可实现电动机正转控制。当需要改变电动机转向时,只要按下复合按钮 SB3 就可以了。由于复合按钮的动作特点是先断后合,即按下 SB3 时,其常闭触点先断开,使 KM1 线圈先失电,其常开触点后闭合,然后才使 KM2 线圈得电,电动机实现反转。这就确保了正反转接触器不会因同时闭合而发生两相电源短路现象。

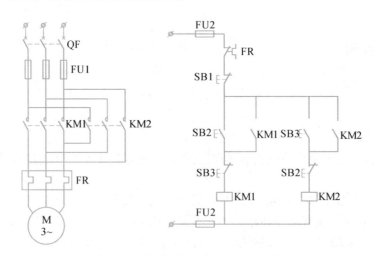

图1-3-8 具有接钮互锁的三相异步电动机正反转控制线路原理图

这种控制线路的优点是操作方便,当需要改变电动机转向时,只要直接按一下反转起动按钮即可实现,而不必先按停止按钮 SB1,即可实现"正—反"直接操作;缺点是易发生短路事故,当正转接触器的主触点 KM1 因故延缓释放或不能释放时,如果这时按下反转按钮进行换向,则会因正反转接触器的主触点同时闭合而发生主电路电源相间短路事故。所以采用既有电气互锁又有按钮互锁的双重互锁控制线路,可以方便地进行正反转操作。

五、拓展性知识

1. 组合开关

组合开关又称转换开关,图 1-3-9 是 HZ10 系列组合开关外形与结构图。组合开关实质上是一种特殊刀开关,是操作手柄在与安装面平行的平面内左右转动的刀开关。只不过一般刀开关的操作手柄是在垂直安装面的平面内向上或向下转动,而组合开关的操作手柄则是平行于安装面的平面内向左或向右转动而已。组合开关多用在机床电气控制线路中,作为电源的引入开关,也可以用作不频繁接通和断开电路、换接电源和负载以及控制 5 kW 以下小容量电动机的正反转和星三角起动等。组合开关应根据电源种类、电压等级、秘需触点数和额定电流进行选用。

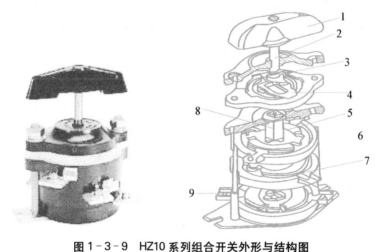

图 1-3-9 HZ10 系列组合开关外形与结构图

1—手柄 2—转轴 3—弹簧 4—凸轮 5—绝缘垫板
6—静触头 7—动触头 8—绝缘方轴 9—接线柱

组合开关的图形符号和文字符号如图 1-3-10 所示。

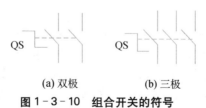

(a) 双极   (b) 三极
图 1-3-10 组合开关的符号

2. 万能转换开关

万能转换开关比组合开关有更多的操作位置和触点,是一种能够接多个电路的手动控制电器。由于它的挡位多、触点多,可控制多个电路,因而能适应复杂线路的要求。图 1-3-11 是 LW12 万能转换开关外形图,它是由多组相同结构的触点叠装而成,在触点盒

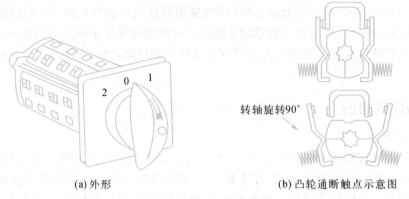

(a) 外形   (b) 凸轮通断触点示意图

图 1-3-11　LW12 万能转换开关外形图

的上方有操作机构。由于扭转弹簧的储能作用,操作呈现了瞬时动作的性质,故触点分断迅速,不受操作速度的影响。

万能转换开关在电气原理图中的画法如图 1-3-12 所示。图中虚线表示操作位置,而不同操作位置的各对触点通断状态与触点下方或右侧对应,规定用于虚线相交位置上的涂黑圆点表示接通,没有涂黑圆点表示断开。另一种是用触点通断状态表来表示,表中以"+"(或"×")表示触点闭合,以"-"(或无记号)表示触点分断。万能转换开关的文字符号是 SA。

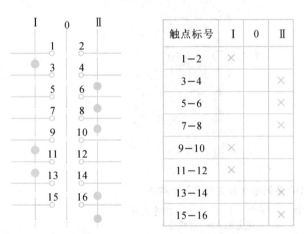

触点标号	I	0	II
1-2	×		
3-4			×
5-6			×
7-8			×
9-10	×		
11-12	×		
13-14			×
15-16			×

图 1-3-12　万能转换开关的画法

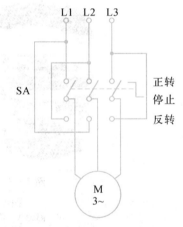

图 1-3-13　手动正反转控制线路

3. 手动正反转控制线路分析

手动正反转是利用倒顺开关控制的。倒顺开关也叫可逆转换开关,属组合开关类型。其操作位置有三个:正转、停止和反转,是靠手动来完成正反转操作的。图 1-3-13 所示为倒顺开关正反转控制线路。由图可知,当倒顺开关置于顺转(正转)和倒转(反转)位置时,对电动机 M 来说差别是有两组电源线(L1、L2)交换,使电源相序得到了改变,从而改变了电动机的转向。

在操作中,欲使处于正转的电动机进行反转或使处于反转的电动机进行正转时,应先将手柄置于"停止"位置,并稍加停留,这样就可避免电动机由于电源突然反接而造成很大的冲击电流,防止电动机过热而烧坏。

手动正反转控制线路的优点是所用电器少,成本低,控制简单。

手动正反转控制线路的缺点是频繁换向时操作不方便,无欠压和零压保护。因此这种方式只适合于容量 5.5 kW 以下电动机的控制。

4. 工作台自动往返运动控制线路分析

在生产机械设备中,如机床的工作台、高炉加料设备等,均需自动往返运行,不断循环。图 1-3-14 为某铣床的工作台自动往返控制线路图。图(c)为工作台自动往返移动示意图,工作台的两端有挡铁 1 和挡铁 2,机床床身上有行程开关 SQ1 和 SQ2,当挡铁碰撞行程开关后,将自动换接电动机正反转控制线路,使工作台自动往返运行。SQ3 和 SQ4 为正反向极限保护用行程开关,若换向时行程开关 SQ1、SQ2 失灵,则由极限保护行程开关 SQ3、SQ4 实现限位保护,及时切断电源,避免运动部件因超出极限位置而发生事故。

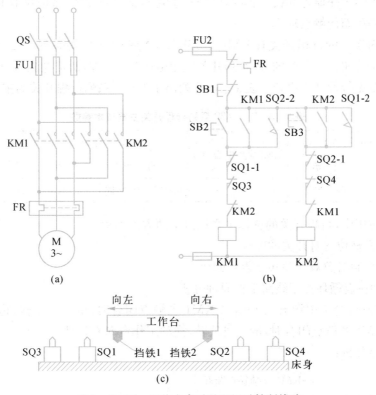

图 1-3-14　工作台自动往返运动控制线路

（1）电器认识

行程开关又称限位开关,其作用是将机械位移转换成电信号,使电动机运行状态发生改变,即按一定行程自动停车、反转、变速或循环,用来控制机械运动或实现安全保护。

行程开关有两种类型:直动式(按钮式)和滚轮式。两者结构基本相同,由操作头、传动系统、触点系统和外壳组成,主要区别在传动系统。当运动机构的挡铁压到行程开关的滚轮上时,转动杠杆连同转轴一起转动,凸轮撞动撞块使得常闭触点断开,常开触点闭合。挡铁移开后,复位弹簧使其复位。图 1-3-15 为直动式行程开关的结构示意图。行程开关的图形符号和文字符号如图 1-3-16 所示。

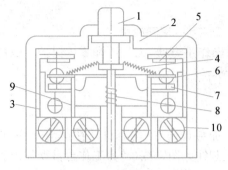

图 1-3-15 行程开关结构示意图

1—顶杆 2—外壳 3—常开静触点 4—触点弹簧 5—静触点 6—动触点 7—静触点 8—复位弹簧 9—常闭静触点 10—螺钉和压板

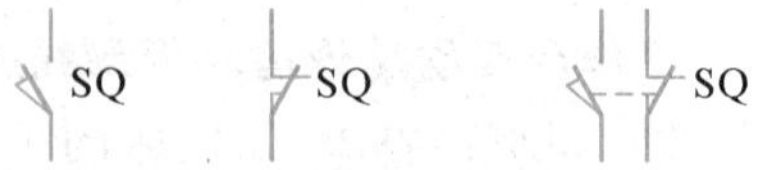

|SQ |SQ |SQ |
(a) 常开触点　(b) 常闭触点　(c) 复合触点

图 1-3-16 行程开关图形及文字符号

行程开关的工作原理和按钮相同,区别在于它不靠手的按压,而是利用生产机械运动部件的挡铁碰压而使触点动作。

目前国内生产的行程开关有 LXK3、3SE3、LX19、LX32 等系列。其中,3SE3 系列为引进西门子公司技术生产的,该系列开关额定电压为 500 V,额定电流为 10 A,其机械、电气寿命比常见行程开关更长。表 1-3-2 列出了 LX32 系列行程开关的主要技术参数。

表 1-3-2　LX32 系列行程开关主要技术参数

额定工作电压(V)		额定发热电流(A)	额定工作电流(A)		额定操作频率(次/h)
直　流	交　流		直　流	交　流	
220、110、24	380、220	6	0.046(220 V 时)	0.79(380 V 时)	1 200

在实际应用中,行程开关的选择主要从以下两方面考虑:

① 根据机械位置对开关的要求;

② 根据控制对象对开关触点数目的要求。

(2) 自动往返循环控制线路工作原理分析

主电路分析:合上电源开关 QS,当 KM1 主触点闭合时,电动机正转,拖动工作台向左移动;当 KM2 主触点闭合时,电动机反转,拖动工作台向右移动。

控制电路分析:

按下 SB2→KM1⁺ → KM1 互锁触点断开
　　　　　　　　→ KM1 自锁触点闭合
　　　　　　　　→ KM1 主触点闭合→M 正转,工作台向左移动

→ 挡铁压下 SQ1 → SQ1-1 断开,KM1⁻,所有触点复位
　　　　　　　　→ SQ1-2 闭合,KM2⁺ → KM2 互锁触点断开
　　　　　　　　　　　　　　　　　→ KM2 自锁触点闭合
　　　　　　　　　　　　　　　　　→ KM2 主触点闭合→M 反转,工作台向右移动

→ 挡铁压下 SQ2 → SQ2-1 断开,KM2⁻,所有触点复位
　　　　　　　　→ SQ2-2 闭合,KM1⁺→M 再次正转,工作台又向左移动……如此循环往复,直至按下 SB1,KM1⁻ 或 KM2⁻,M 停转

1. 什么是电气互锁? 什么是按钮互锁? 三相异步电动机正反转控制线路中它们有什么不同作用? 在电路中是如何实现电气互锁和按钮互锁的?

2. 试分析如图 1 - 3 - 17 所示的各电路中的错误和工作时会出现的现象,并加以改正。

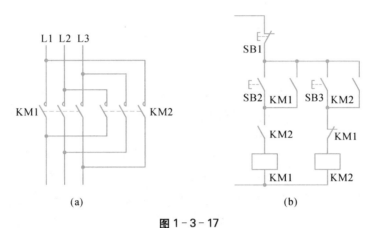

图 1 - 3 - 17

3. 识读图 1 - 3 - 18 电路,分析下列问题:

(1) 电路中电动机有几种工作状态?

(2) 电路中通过什么电器实现哪些保护?

(3) 说明 SA、SQ1~SQ4 的作用。

(4) 叙述电路工作过程。

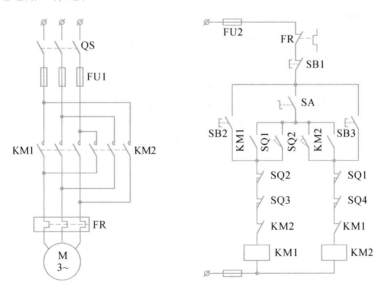

图 1 - 3 - 18

模块四 三相笼型异步电动机减压起动控制线路分析与接线

三相异步电动机接通电源后由静止状态逐渐加速到稳定运行状态的过程,称为起动。若将额定电压直接加到电动机的定子绕组上,使电动机起动运转,称为直接起动,也叫全压起动。直接起动的优点是所用电气设备少,电路简单;缺点是起动电流大,是额定电流的4—7倍。容量较大的电动机采取直接起动时,会使电网电压严重下跌,不仅导致同一电网上的其他电动机起动困难,而且影响其他用电设备的正常运行。

额定功率大于 10 kW 的三相异步电动机,一般都采用减压起动方式来起动,起动时降低加在电动机定子上的电压,起动后再将电压恢复到额定值,使之在正常电压下运行。

减压起动方法有定子回路串电阻、星-三角换接、自耦变压器减压起动、软起动、延边三角形减压起动等。常用的是星-三角减压起动与自耦变压器减压起动。软起动是一种新技术,正在一些场合推广应用。

一、教学目标

1. 能正确识别、选用、安装和调节时间继电器,能熟练使用时间继电器、中间继电器;
2. 能正确分析三相异步电动机减压起动控制线路的工作原理;
3. 能根据原理图进行三相异步电动机星-三角减压起动控制线路的安装接线;
4. 能对所接电路进行检测和通电试验,并能用万用表检测电路和排除常见电气故障。

二、工作任务

1. 分析三相异步电动机减压起动控制线路的工作原理;
2. 完成图 1-4-1 所示三相异步电动机星-三角减压起动控制线路的安装接线和通电调试。

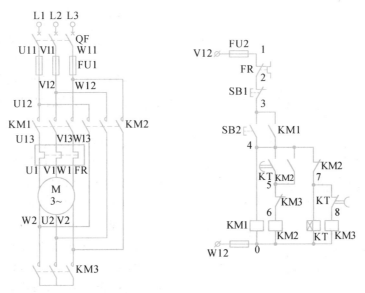

图 1-4-1　三相异步电动机星-三角减压起动自动控制线路原理图

三、能力训练

1. 元器件认识与使用

在生产中经常需要按一定的时间间隔来对生产机械进行时间控制,它通常是利用时间继电器(Time-delay Relay)来实现的。时间继电器的种类很多,按工作原理可分为电磁阻尼式、空气阻尼式、电子式和电动式等,按延时方式可分为通电延时型和断电延时型。对于电磁式时间继电器,当线圈通电或断电后,经一段时间,延时触点状态才发生变化,即延时触点才动作。

图 1-4-2(a)、(b)、(c)、(d)所示分别为 JS14A 系列晶体管式时间继电器、JS14S系列电子式时间继电器、JSZ3(ST3P)系列电子式时间继电器、JS7-A 系列空气阻尼式时间继电器的外形。

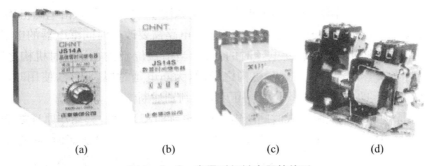

(a)　　　　　(b)　　　　　(c)　　　　　(d)

图 1-4-2　常用时间继电器的外形

(1) 直流电磁式时间继电器

① 结构认识　如图 1-4-3 所示,直流电磁式时间继电器是在电磁式电压继电器铁心上套个阻尼铜套后构成的。

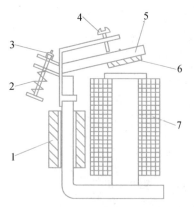

图1-4-3 直流电磁式时间继电器

1—阻尼铜套 2—释放弹簧 3—调节螺母
4—调节螺钉 5—衔铁 6—非磁性垫片
7—线圈

② 工作原理 线圈通电时,在阻尼铜套内产生感应电动势,流过感应电流。感应电流产生的磁通阻碍穿过铜套内的原磁通变化,对原磁通起阻尼作用,使磁路中的原磁通增加缓慢,达到吸合磁通值的时间加长,衔铁吸合时间后延,触头延时动作。由于线圈通电前,衔铁处于打开位置,磁路气隙大,磁阻大,磁通小,阻尼作用也小,衔铁吸合的延时只有0、1—0、5S,延时作用可不计。

但当衔铁处于吸合位置,断开线圈直流电源时,因磁路气隙小,磁阻小,磁通变化大,铜套的阻尼作用大,衔铁延时释放的时间可达0.3—5S。

改变铁心与衔铁间非磁性垫片的厚薄(粗调)或改变释放弹簧的松紧(细调),可调节延时长短。垫片厚则延时短,薄则延时长;释放弹簧紧则延时短,松则延时长。

③ 特点 结构简单,寿命长,允许通电次数多。但只适于直流电路,只有断电延时,且延时时间短,精度不高。常用的有JT18系列电磁式时间继电器。

(2) 空气阻尼式时间继电器

空气阻尼式时间继电器是利用空气阻尼作用获得延时,在机床电气控制中应用最多,其常用型号为JS7-A、JS23系列。根据触头延时特点,分为通电延时(JS7-1A和JS7-2A)与断电延时(JS7-3A和JS7-4A)两种。JS7-A系列,其型号含义如下:

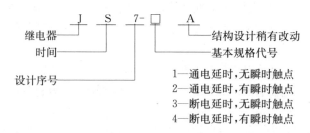

① 结构认识 空气阻尼式时间继电器的结构如图1-4-4所示,由电磁机构、触点系统、延时机构、气室及传动机构等部分组成。根据电路需要改变时间继电器的电磁机构的安装方向,即可实现通电延时和断电延时的互换,当衔铁位于铁心和延时机构之间时,为通电延时型;当铁心位于衔铁和延时机构之间时,为断电延时型。因此,使用时不要仅仅观测时间继电器上的电气符号。还要会用万用表判别通断情况。

② 工作原理 以空气阻尼式时间继电器(通电延时型)为例,其动作原理如下:

当线圈(1)通电后,衔铁(3)吸合,微动开关(16)受压其触点动作无延时,活塞杆(6)在塔形弹簧(8)的作用下,带动活塞(12)及橡皮膜(10)向上移动,但由于橡皮膜下方气室的空气稀薄,形成负压,因此活塞杆(6)只能缓慢地向上移动,其移动的速度视进气孔的大小而定,可通过调节螺杆(13)进行调整。经过一定的延时后,活塞杆才能移动到最上端。这时通过杠杆(7)压动微动开关(15),使其常闭触点断开,常开触点闭合,起到通电延时作用。

当线圈(1)断电时,电磁吸力消失,衔铁(3)在反力弹簧(4)的作用下释放,并通过活塞

项目一

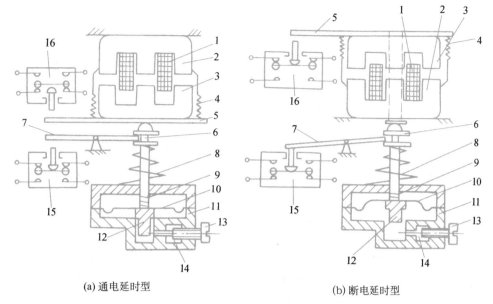

(a) 通电延时型　　　　　　　　　　(b) 断电延时型

图 1-4-4　空气阻尼式时间继电器

1—线圈　2—铁心　3—衔铁　4—反力弹簧　5—推板　6—活塞杆　7—杠杆　8—塔形弹簧　9—弱弹簧　10—橡皮膜　11—空气室壁　12—活塞　13—调节螺钉　14—进气孔　15、16—微动开关

杆(6)将活塞(12)推向下端,这时橡皮膜(10)下方气室内的空气通过橡皮膜(10)、弱弹簧(9)和活塞(12)肩部所形成的单向阀,迅速地从橡皮膜上方的气室缝隙中排掉,微动开关(15、16)能迅速复位,无延时。

从线圈通电到触头动作的时间即为延时时间,延时长短通过调节螺钉(11)调节进气孔气隙大小可改变。

时间继电器的触点动作情况总结如下:

通电延时型——当吸引线圈通电后,其瞬动触点立即动作;其延时触点经过一定延时再动作;吸引线圈断电后,所有触点立即复位。

断电延时型——当吸引线圈通电后,所有触点立即动作;当吸引线圈断电后,其瞬动触点立即复位;其延时触点经过一定延时再复位。

③ 特点　空气阻尼式时间继电器结构简单,价格低廉,延时范围较大(0.4—180 s),但延时误差较大,难以精确地整定延时时间,常用于对延时精度要求不高的场合。

（3）电子式时间继电器

电子式时间继电器有晶体管式和数字式时间继电器两种,其优点是延时范围宽、精度高、体积小、工作可靠。

晶体管式时间继电器以 RC 电路电容充电时电容器上的电压逐步上升的原理为基础。电路有单结晶体管电路和场效应管电路两种。分为断电延时型、通电延时型、带瞬动触点的通电延时型三种。常用产品有 JS14A、JS14S、JS20 系列和 ST 系列超级时间继电器,采用大规模集成电路、高质量薄膜电容器、金属陶瓷可变电容器、高精度振荡回路、高频率分频回路。优点是元器件少、体积小、精度高、长延时、抗干扰、可靠性高。

比如,有一个晶体管时间继电器,型号是 JSZ3,其外壳上有如图 1-4-5 所示的示意图。

图 1-4-5(a)的含义是:接线端子 2 和 7 是由线圈引出的;接线端子 1、3 和 4 是"单刀双掷"触头,其中,1 和 4 是常闭触头端子,1 和 3 是常开触头端子;同理,接线端子 5、6

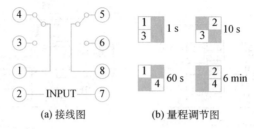

| (a) 接线图 | (b) 量程调节图 |

图 1 - 4 - 5   电子式时间继电器的接线图

和 8 是"单刀双掷"触头,其中,5 和 8 是常闭触头端子,6 和 8 是常开触头端子。

图 1-4-5(b)的含义是:当时间继电器上的开关指向 2 和 4 时,量程为 1 s;指向 1 和 4 时,量程为 10 s;指向 2 和 3 时,量程为 60 s;指向 1 和 3 时,量程为 6 min。图中的黑色表示被开关选中。

显然,触头的接线端子可以选择 1 和 3 或者 6 和 8,线圈接线端子只能选择 2 和 7,当要求延时 30 s 时,拨指开关最好选择指向 2 和 3。

（4）时间继电器的选用

对于延时要求不高的场合,通常选用直流电磁式或空气阻尼式时间继电器,但前者仅能获得直流断电延时,且延时时间在 5 s 内,故限制了应用,大多情况下选用空气阻尼式时间继电器。首先按控制电路电流种类和电压等级来选用时间继电器线圈电压值,再按控制电路要求来选择通电延时型还是断电延时型,再根据使用场合、工作环境、延时范围和精度要求选择时间继电器类型,然后再选择触点是延时闭合还是延时断开,最后考虑延时触点数量和瞬动触点数量是否满足控制电路的要求。

（5）时间继电器的电路符号

时间继电器的电路符号如图 1-4-6 所示。

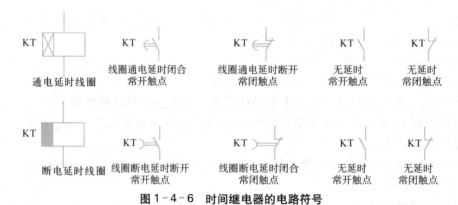

图 1 - 4 - 6   时间继电器的电路符号

2. 原理图分析

（1）三相异步电动机星-三角减压起动控制线路分析

电路图如图 1-4-1 所示,工作原理分析如下。

① 主电路分析:合上 QF,当 KM1、KM3 主触点闭合时,定子绕组接成星形,电动机减压起动。当 KM1、KM2 主触点闭合时,定子绕组接成三角形,电动机全压运行。

三相异步电动机定子绕组星形接法与三角形接法如图 1-4-7 所示。

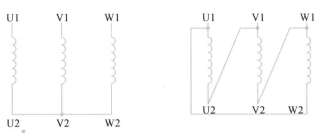

图 1-4-7 三相异步电动机定子绕组星形接法与三角形接法

我国采用的电网供电电压为 380 V,当定子绕组星形接法时,每相定子绕组上的电压是 220 V,当定子绕组三角形接法时,每相定子绕组上的电压是 380 V,所以当电动机起动时定子绕组接成星形,加在每相定子绕组上的起动电压只有三角形接法的 $1/\sqrt{3}$。

② 控制电路分析:

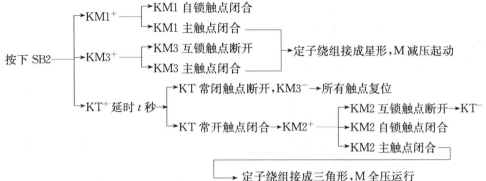

(2) 自耦变压器减压起动控制线路分析

如图 1-4-8 所示为自耦变压器减压起动控制线路,控制电路中 KA 为中间继电器。

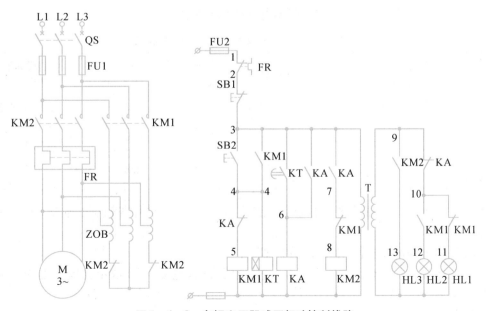

图 1-4-8 自耦变压器减压起动控制线路

中间继电器在结构上是一个电压继电器。它是用来转换控制信号的中间元件,触点数量较多,各触点的电流相同。当线圈通电或断电时,有较多的触点动作,所以可以用来增加控制电路中信号的数量。它的触点额定电流比线圈大,所以可用来放大信号。

常用的中间继电器有 JZ7 和 JZ8 等系列。

图 1-4-9 所示为 JZ7 系列继电器的结构,与小型的接触器相似。其触点共有 8 对,无主副之分,可以组成 4 对常开或 4 对常闭、6 对常开 2 对常闭或 8 对常开三种形式,多用于交流控制电路。

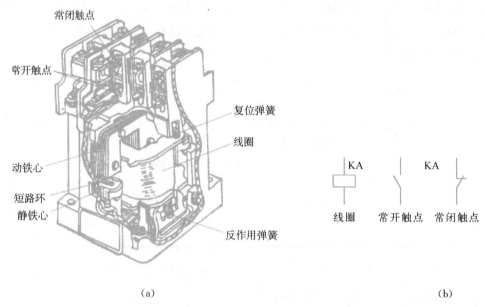

(a)   (b)

图 1-4-9　JZ7 系列中间继电器的结构与电路符号

表 1-4-1 所示为 JZ7 系列中间继电器的技术参数。

表 1-4-1　JZ7 系列中间继电器的技术参数

型号	触点额定电压/V		触点额定电流/A	触点数量		额定操作频率/(次/h)	吸引线圈电压/V	吸引线圈消耗功率/VA	
	直流	交流		常开	常闭		50 Hz	启动	吸持
JZ7-44	440	500	5	4	4	1 200	12,34,36,48,	75	12
JZ7-62	440	500	5	6	2	1 200	110,127,220,	75	12
JZ7-80	440	500	5	8	0	1 200	380,420,440,500	75	12

中间继电器的选择主要依据被控电路的电压等级以及所需触点的数量、种类和容量等。

图 1-4-8 所示电路工作原理分析如下:

① 主电路分析:合上 QS,当 KM1 主触点闭合时,电动机 M 取用自耦变压器二次电压减压起动;当 KM2 主触点闭合时,电动机 M 直接接入电网全压运行。

② 控制电路分析:

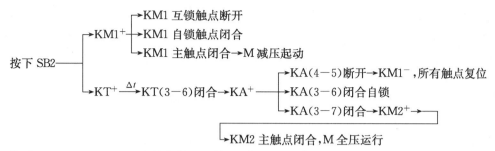

$$按下\ SB2 \begin{cases} KM1^+ \begin{cases} \rightarrow KM1\ 互锁触点断开 \\ \rightarrow KM1\ 自锁触点闭合 \\ \rightarrow KM1\ 主触点闭合 \rightarrow M\ 减压起动 \end{cases} \\ KT^+ \xrightarrow{\Delta t} KT(3-6)闭合 \rightarrow KA^+ \begin{cases} \rightarrow KA(4-5)断开 \rightarrow KM1^-,所有触点复位 \\ \rightarrow KA(3-6)闭合自锁 \\ \rightarrow KA(3-7)闭合 \rightarrow KM2^+ \rightarrow \end{cases} \end{cases}$$

$\rightarrow KM2\ 主触点闭合,M\ 全压运行$

按下 SB1 $\rightarrow KM2^- \rightarrow KM2$ 主触点断开 $\rightarrow$ 断开三相电源,M 停止

3. 星-三角减压起动控制线路的安装接线和通电调试

(1)绘制安装接线图

根据图 1-4-1 电路原理图中所标记的线号,绘制三相异步电动机星-三角减压起动控制线路的安装接线图,如图 1-4-10 所示。

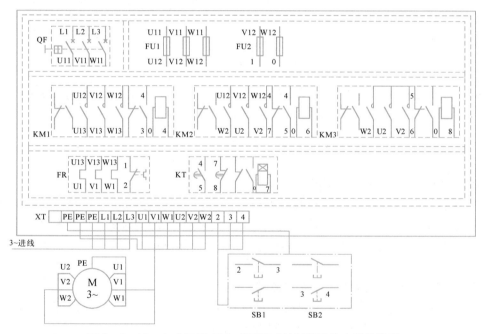

图 1-4-10 电动机星-三角减压起动控制线路的安装接线图

(2)完成安装接线

根据图 1-4-10 所示安装接线图,完成星-三角减压起动控制线路的安装接线。接线时要保证电动机三角形接法的正确性,即接触器 KM2 主触头闭合时,应保证定子绕组的 U1 与 W2、V1 与 U2、W1 与 V2 相连接。

(3)电路检查及通电调试

① 不通电检查 线路全部安装完毕后,用万用表电阻挡检查主电路和控制电路接线是否正确。

对主电路检查时,电源线 L1、L2、L3 先不要通电,合上 QF,先用手压下接触器 KM1 的衔铁来代替接触器 KM1 得电吸合时的情况进行检查,依次测量从电源端(L1、L2、L3)

到电动机出线端子(U1、V1、W1)之间的每一相线路的电阻值,检查是否存在开路现象。再用手压下接触器 KM2 的衔铁来代替接触器 KM2 得电吸合时的情况进行检查,依次测量从电源端(L1、L2、L3)到电动机出线端子(W2、U2、V2)之间的每一相线路的电阻值,检查是否存在开路现象。

对控制电路检查时(可断开主电路),可用表棒分别搭在 FU2 的两个出线端上(V12 和 W12),此时读数应为"∞"。按下起动按钮 SB2,读数应为接触器 KM1、KM3 和 KT 三只线圈并联的电阻值。用手压下 KM1 的衔铁,使 KM1 的常开触点闭合,读数也应为接触器 KM1、KM3 和 KT 三只线圈并联的电阻值。同时压下 KM1 和 KM2 的衔铁,万用表读数应为 KM1 和 KM2 两只线圈并联的电阻值。

② 通电调试 操作相应按钮,观察电器动作情况。通电前首先检查一下熔体规格及时间继电器、热继电器的整定值是否符合要求。

把 L1、L2、L3 三端接上电源,合上空气开关 QF,引入三相电源,按下按钮 SB2,KM1、KM3、KT 线圈得电吸合自锁,电动机减压起动。延时时间到时,KM1 线圈断电,KM2 线圈得电自锁,电动机全压运行。按下停止按钮 SB1,KM1、KM2 线圈断电,电动机停止。

四、理论知识

问题 1:三相异步电动机为什么要用减压起动?
问题 2:星-三角减压起动方法是否适用于任何三相异步电动机减压起动?

1. 三相异步电动机起动特点

较大容量的三相笼型异步电动机(大于 10 kW)因起动电流较大,容易产生过大的电压降造成电网电压降低,一般都采用减压起动方式来起动,起动时降低加在电动机定子上的电压,起动后再将电压恢复到额定值,使之在正常电压下运行。

2. 三相异步电动机常用减压起动方法和特点

三相异步电动机常用的减压起动方式有定子绕组串电阻减压起动,星形-三角形换接、自耦变压器减压起动和延边三角形减压起动等。

(1)定子绕组串电阻减压起动

电动机在起动时在三相定子电路中串接电阻,使电动机定子绕组的电压降低,待起动结束后将电阻短接,电动机在额定电压下正常运行。这种起动方式不受电动机接线形式的影响,设备简单,因而在中小型生产机械设备中应用较广。

但起动电阻一般采用板式电阻或铸铁电阻,电阻功率大,能量损耗较大。如果起动频繁,则电阻的温度很高,故目前这种减压起动的方法在生产实际中的应用正在逐渐减少。

(2)星-三角减压起动

把正常运行时,定子绕组应作三角形联结的笼型异步电动机在起动时接成 Y 形,起动电压从 380 V 降至 220 V,从而减小起动电流。待转速上升后,再改接成△联结,投入正常运行。这是一种最常用的减压起动。起动时绕组承受的电压为额定电压的 $1/\sqrt{3}$ 倍,起动电流为三角形接法时的 1/3,起动转矩也是三角形接法时的 1/3。

星-三角减压起动投资少,线路简单,操作方便,但起动转矩小,适用于空载或轻载场合,普遍应用于空载或轻载的正常运行是三角形联结的笼型异步电动机起动。

(3)自耦变压器减压起动

在电动机的控制线路中串入自耦变压器,使起动时定子绕组上得到自耦变压器的二次电压,起动完毕后切除自耦变压器,额定电压直接加于定子绕组,电动机进入全压正常工作。

自耦变压器减压起动适用于起动较大容量的正常工作接成星形或三角形的电动机,起动转矩可以通过改变抽点的位置得到改变,它的缺点是自耦变压器价格较贵,而且不允许频繁起动。

五、拓展知识

1. 按钮切换的星-三角减压起动控制线路分析

原理图如图 1-4-11 所示,分析如下:

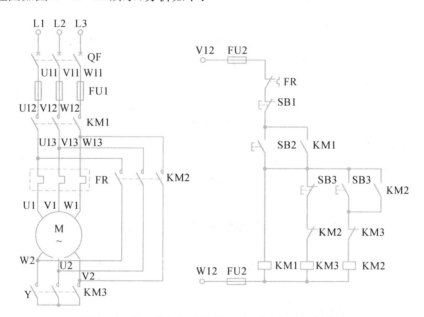

图 1-4-11　按钮切换的星-三角减压起动控制线路

主电路分析:合上 QF,当 KM1、KM3 主触点闭合时,定子绕组接成星形,电动机减压起动;当 KM1、KM2 主触点闭合时,定子绕组接成三角形,电动机全压运行。

控制电路分析:

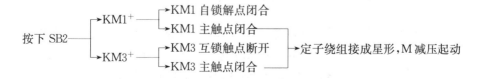

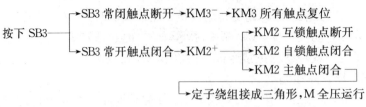

$$按下\ SB3 \begin{cases} \to SB3\ 常闭触点断开 \to KM3^- \to KM3\ 所有触点复位 \\ \to SB3\ 常开触点闭合 \to KM2^+ \begin{cases} \to KM2\ 互锁触点断开 \\ \to KM2\ 自锁触点闭合 \\ \to KM2\ 主触点闭合 \end{cases} \end{cases}$$

$$\to 定子绕组接成三角形,M\ 全压运行$$

按下 SB1→KM1⁻、KM2⁻→KM1、KM2 所有触点复位,M 停止

2. 其他减压起动控制线路分析

（1）定子串电阻减压起动控制线路分析

控制线路如图 1－4－12 所示,工作原理分析如下。

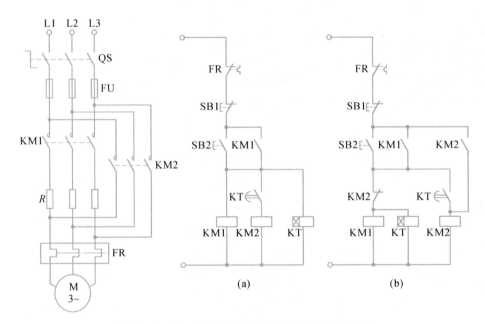

图 1－4－12　定子绕组串电阻减压起动控制线路

主电路分析:合上 QS,当 KM1 主触点闭合时,M 串电阻减压起动;当 KM2 主触点闭合时,M 全压运行。

图 1－4－9(a)控制电路分析:

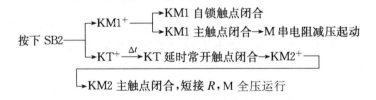

$$按下\ SB2 \begin{cases} \to KM1^+ \begin{cases} \to KM1\ 自锁触点闭合 \\ \to KM1\ 主触点闭合 \to M\ 串电阻减压起动 \end{cases} \\ \to KT^+ \xrightarrow{\Delta t} KT\ 延时常开触点闭合 \to KM2^+ \end{cases}$$

$$\to KM2\ 主触点闭合,短接\ R,M\ 全压运行$$

按下 SB1,KM1、KM2、KT 线圈断电,KM1、KM2 主触点复位,电动机 M 停止。

图 1－4－12(a)中电动机全压运行时,接触器 KM1、KM2、KT 线圈都处于长时间通电状态。其实只要电动机全压运行一开始,KM1 和 KT 线圈的通电就是多余的了。因为这不仅消耗电能,同时也会缩短电器的使用寿命以及增加故障发生的机会。图 1－4－12(b)

线路解决了这个问题。当 KM2 线圈得电自锁后,其常闭触点将断开,使 KM1、KT 线圈断电。其工作原理分析如下:

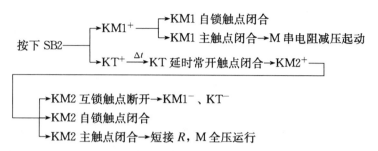

按下 SB1,KM2 线圈断电,KM2 主触点、辅助触点复位,电动机 M 停止。

六、练习

1. 调整时间继电器的延时时间长短,并用万用表测量延时触点与瞬动触点的通断情况。

2. 三相异步电动机在什么情况下应采用减压起动方法? 如一笼型异步电动机定子绕组为星形接法,能否采用星-三角减压起动方法? 为什么?

3. 分析图 1-4-13 所示电路的工作原理。

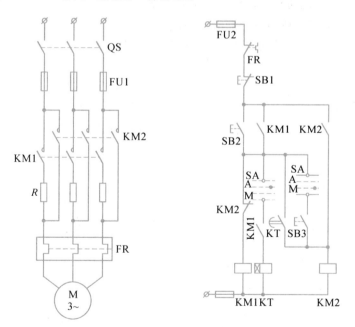

图 1-4-13

4. 绘制图 1-4-11 所示电路的安装接线图,并完成安装接线与调试。

模块五　绕线转子异步电动机起动控制线路分析

在实际生产中要求起动转矩较大且调速平滑的场合,如起重运输机械,常常采用三相绕线转子异步电动机。绕线转子异步电动机一般采用转子串电阻或转子串频敏变阻器起动,以达到减小起动电流、增大起动转矩以及平滑调速的目的。

绕线转子异步电动机采用转子串电阻起动时,在转子回路串入作星形联结的三相起动电阻,起动时把起动电阻放到最大位置,以减小起动电流,并获得较大的起动转矩;随着电动机转速的升高,逐渐减小起动电阻(或逐段切除);起动结束后将起动电阻全部切除,电动机在额定状态下运行。

一、教学目标

1. 理解绕线转子电动机起动特点和起动方法;
2. 认识电流继电器、频敏变阻器的作用;
3. 能正确分析绕线转子三相异步电动机起动控制线路的工作原理。

二、工作任务

1. 分析如图1-5-1所示的按时间原则控制绕线转子异步电动机起动控制线路的动作原理。

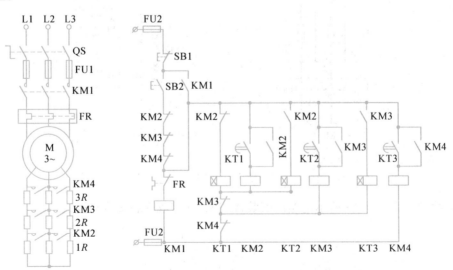

图1-5-1　按时间原则控制的转子回路串接电阻起动控制线路

2. 分析如图1-5-2所示的按电流原则控制绕线转子异步电动机起动控制线路的工作原理。

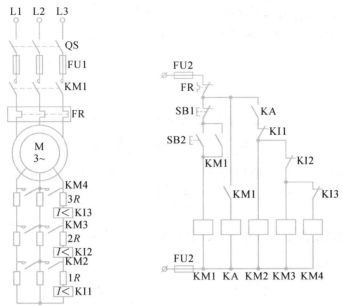

图1-5-2　按电流原则控制的转子回路串接电阻起动控制线路

三、能力训练

1. 元器件认识与使用(电流继电器)

根据线圈中电流的大小通断电路的继电器称为电流继电器。电流继电器的线圈串接在被测电路中,以反映电流的变化。其触点接在控制电路中,用于控制接触器线圈或信号指示灯的通断。由于其线圈串联在被测电路中,所以线圈阻抗应较被测电路的等值阻抗小得多,以免影响被测电路的正常工作,因此电流继电器的线圈匝数少、导线粗。电流继电器按用途可分为过电流继电器和欠电流继电器。JT4系列过电流继电器外形结构和工作原理示意图如图1-5-3所示。

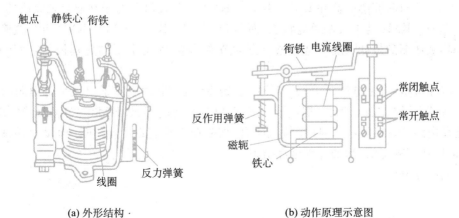

(a) 外形结构　　　　　　　　　　　(b) 动作原理示意图

图1-5-3　JT4系列过电流继电器

当线圈电流高于整定值时动作的继电器称为过电流继电器。过电流继电器在正常工作时电磁吸力不足以克服反力弹簧的作用,衔铁处于释放状态;当线圈电流超过某一整定值时,衔铁动作,常闭触点断开,常开触点闭合。

过电流继电器的图形符号和文字符号如图1-5-4所示。

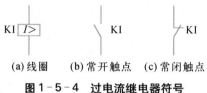

(a)线圈　　(b)常开触点　(c)常闭触点

图1-5-4　过电流继电器符号

当线圈电流低于整定值时动作的继电器称为欠电流继电器。欠电流继电器在电流处于正常值时衔铁吸合,当电流低于某一整定值时,衔铁释放,于是常开触点、常闭触点复位。

欠电流继电器的图形符号和文字符号如图1-5-5所示。

(a)线圈　　(b)常开触点　(c)常闭触点

图1-5-5　欠电流继电器符号

2. 原理图分析

(1)按时间原则控制的转子回路串接电阻起动控制线路分析

图1-5-1是依靠时间继电器自动短接起动电阻的控制线路。串接在三相转子回路中的起动电阻,一般接成Y形。起动前,起动电阻全部接入电路,在起动过程中,起动电阻被逐段短接。

短接方式有三相电阻不平衡短接法——每相的起动电阻轮流被短接和三相电阻平衡短接法——三相的起动电阻同时被短接两种。

图1-5-1中采用三相电阻平衡短接法,转子回路三段起动电阻的短接是依靠KT1、KT2、KT3三只时间继电器和KM2、KM3、KM4三只接触器的相互配合来完成的,线路中只有KM1、KM4处于长期通电状态,而KT1、KT2、KT3、KM2、KM3五只线圈的通电时间均被压缩到最低限度。这样做一方面节省了电能,更重要的是延长了它们的使用寿命。

主电路分析:合上电源开关QS,KM1主触点闭合,电动机转子串入全部电阻进行起动。接触器KM2主触点闭合,切除第一级起动电阻1R;接触器KM3主触点闭合,切除第二级起动电阻2R;接触器KM4主触点闭合,切除第三级起动电阻3R。电动机转速不断升高,最后达到额定值,起动过程全部结束。

控制电路分析:

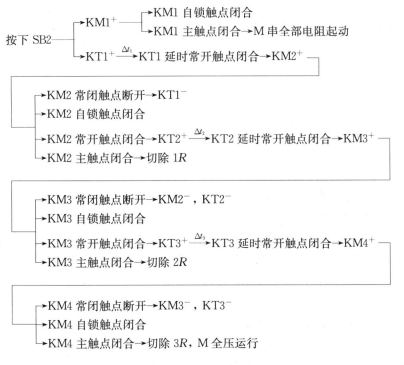

按下 SB2
→ KM1⁺ →KM1 自锁触点闭合
　　　　　→KM1 主触点闭合→M 串全部电阻起动
→ KT1⁺ —Δ₁→ KT1 延时常开触点闭合→KM2⁺

→KM2 常闭触点断开→KT1⁻
→KM2 自锁触点闭合
→KM2 常开触点闭合→KT2⁺ —Δ₂→ KT2 延时常开触点闭合→KM3⁺
→KM2 主触点闭合→切除 1R

→KM3 常闭触点断开→KM2⁻，KT2⁻
→KM3 自锁触点闭合
→KM3 常开触点闭合→KT3⁺ —Δ₃→ KT3 延时常开触点闭合→KM4⁺
→KM3 主触点闭合→切除 2R

→KM4 常闭触点断开→KM3⁻，KT3⁻
→KM4 自锁触点闭合
→KM4 主触点闭合→切除 3R，M 全压运行

图 1-5-1 控制线路也存在两个问题:①当时间继电器损坏时,将无法实现电动机正常起动和运行;②在电动机起动过程中逐段减小电阻时,电流及转矩突然增大,会产生不必要的机械冲击。

(2)按电流原则控制的转子回路串接电阻起动控制线路分析

图 1-5-2 是利用电动机转子电流大小的变化来控制电阻切除的。KI1、KI2、KI3 为欠电流继电器,其线圈串接在电动机转子电路中。这三个继电器的吸合电流一样,但释放电流不一样。其中 KI1 的释放电流最大,KI2 次之,KI3 最小。

主电路分析:参照按时间原则控制的转子回路串接电阻起动控制线路的主电路分析。

控制电路分析:

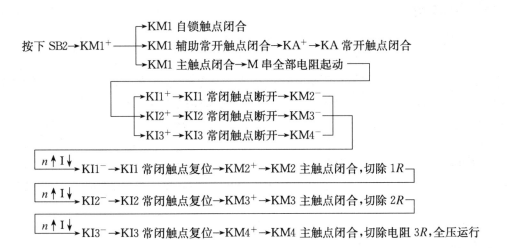

按下 SB2→KM1⁺ →KM1 自锁触点闭合
　　　　　　　　→KM1 辅助常开触点闭合→KA⁺ →KA 常开触点闭合
　　　　　　　　→KM1 主触点闭合→M 串全部电阻起动

→KI1⁺→KI1 常闭触点断开→KM2⁻
→KI2⁺→KI2 常闭触点断开→KM3⁻
→KI3⁺→KI3 常闭触点断开→KM4⁻

$n↑I↓$→KI1⁻→KI1 常闭触点复位→KM2⁺→KM2 主触点闭合,切除 1R
$n↑I↓$→KI2⁻→KI2 常闭触点复位→KM3⁺→KM3 主触点闭合,切除 2R
$n↑I↓$→KI3⁻→KI3 常闭触点复位→KM4⁺→KM4 主触点闭合,切除电阻 3R,全压运行

四、理论知识

问题1:按电流原则控制的转子回路串电阻起动控制线路中的中间继电器 KA 有什么作用?

问题2:欠电流继电器和过电流继电器在起保护时,一般用其什么触点(常开/常闭)?

1. 中间继电器的作用

中间继电器 KA 的作用是保证在启动刚开始时接入全部启动电阻,以免使电动机直接启动。由于电动机刚开始通电时,启动电流由零增大到最大值 I_m 时需一定的时间间隔,如果线路中没有 KA,则可能出现 KI1～KI3 还没有动作,而 KM2～KM4 的吸合将把转子电阻全部短接,相当于电动机直接起动。加入中间继电器 KA 以后,只有 KM1 线圈通电动作后,KA 线圈才通电,KA 的常开触点闭合。在这之前,起动电流已达到电流继电器吸合值并已动作,其常闭触点已将 KM2～KM4 电路断开,确保转子回路的电阻被全部串入,这样电动机也就不会出现直接起动的现象了。

2. 电流继电器主要参数的选择原则

过电流继电器的主要参数是额定电流和动作电流。过电流继电器的额定电流应当大于或等于被保护电动机的额定电流,其动作电流可根据电动机工作情况按其起动电流的 1.1—1.3 倍整定。一般绕线转子感应电动机的起动电流按 2.5 倍额定电流考虑,笼型感应电动机的起动电流按额定电流的 5—8 倍考虑。选择过电流继电器的动作电流时,应留有一定的调节余地。

欠电流继电器一般用于直流电动机的励磁回路监视励磁电流,作为直流电动机的弱磁超速保护或励磁电路与其他电路之间的联锁保护。选择的主要参数为额定电流和释放电流,其额定电流应大于或等于额定励磁电流,其释放电流整定值应低于励磁电路正常工作范围内可能出现的最小励磁电流,可取最小励磁电流。选用欠电流继电器时,其释放电流的整定值应留有一定的调节余地。

五、拓展知识

继电器是一种根据电量(电流、电压)或非电量(时间、速度、温度、压力等)的变化自动接通和断开控制电路,以完成控制或保护任务的电器。

虽然继电器和接触器都是用来自动接通或断开电路的,但是它们仍有很多不同之处。继电器可以对各种电量或非电量的变化作出反应,而接触器只有在一定的电压信号下动作;继电器用于切换小电流的控制电路,而接触器则用来控制大电流电路,因此,继电器触点容量较小(不大于 5 A),且无灭弧装置。

继电器用途广泛,种类繁多,其中电磁式继电器应用最广泛。电磁式继电器按输入信号的不同来分,有电压继电器、电流继电器和中间继电器;按线圈电流种类的不同来分,有交流继电器和直流继电器。

电磁式继电器反映的是电信号。当线圈反映电压信号时,为电压继电器;当线圈反映电流信号时,为电流继电器。

1. 电压继电器

根据线圈两端电压的大小通断电路的继电器称为电压继电器。由于线圈与被测电路并联,所以线圈匝数多,导线细,阻抗大。

根据实际需要,电压继电器有过电压继电器、欠电压继电器和零电压继电器之分。一般来说,过电压继电器在电压为 1.1—1.5 倍额定电压以上时动作,对电路进行过电压保护;欠电压继电器在 0.4—0.7 倍额定电压时动作,对电路进行欠电压保护;零电压继电器在电压为 0.05—0.25 倍额定电压时动作,对电路进行失压保护。

过电压继电器和欠电压继电器的图形符号和文字符号如图 1-5-6 和图 1-5-7 所示。

图 1-5-6　过电压继电器电路符号　　　　图 1-5-7　欠电压继电器电路符号

2. 转子回路串接频敏变阻器起动控制线路分析

绕线转子异步电动机转子回路串接电阻的起动方法,在电动机起动过程中,由于逐段减小电阻,电流和转矩突然增加,会产生一定的机械冲击。同时由于串接电阻起动线路复杂,工作很不可靠,而且电阻本身比较笨重,能耗大,控制箱体积较大。

从 20 世纪 60 年代开始,我国开始推广自己独创的频敏变阻器。频敏变阻器的阻抗能够随着转子电流频率的下降自动减小,所以它是绕线转子异步电动机较为理想的一种起动设备。常用于较大容量的绕线式异步电动机的起动控制。

频敏变阻器实质上是一个铁心损耗非常大的三相电抗器。在电动机起动时,将频敏变阻器串接在转子绕组中,起动完毕短接切除频敏变阻器。图 1-5-8 所示为绕线转子异步电动机转子回路串频敏变阻器起动控制线路,利用时间继电器延时闭合的常开触点,使接触器 KM2 线圈得电自锁,而 KM2 主触点闭合切除频敏变阻器。

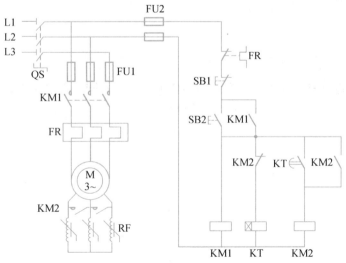

图 1-5-8　绕线转子异步电动机转子回路串频敏变阻器
起动的控制线路(一)

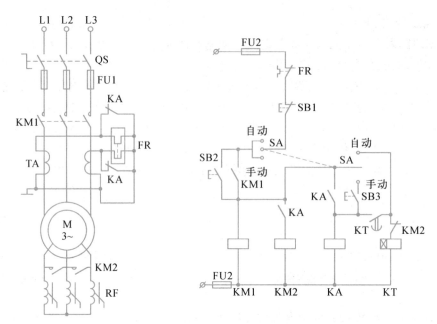

图 1-5-9 绕线转子异步电动机串频敏变阻器起动控制线路（二）

图 1-5-9 所示也是绕线转子异步电动机采用频敏变阻器的起动控制线路。该线路可以实现自动和手动控制，自动控制时将开关 SA 扳向"自动"位置，当按下起动按钮 SB2，利用时间继电器 KT 控制中间继电器 KA 和接触器 KM2 的动作，在适当的时间将频敏变阻器短接。开关 SA 扳到"手动"位置时，时间继电器 KT 不起作用，利用按钮 SB3 手动控制中间继电器 KA 和接触器 KM2 的动作。起动过程中，KA 的常闭触头将热继电器的发热元件 FR 短接，以免因起动时间过长而使热继电器误动作。

在使用频敏变阻器的过程中，如遇到下列情况，可以调整匝数或气隙。起动电流过大或过小，可设法增加或减少匝数；起动转矩过大，机械有冲击，而起动完毕时的稳定转速又偏低，可增加上下铁心间的气隙，以使起动电流略微增加，起动转矩略微减小，但起动完毕时转矩增大，稳定转速可以得到提高。

六、练习

1. 电压继电器和电流继电器在线圈结构上有什么不同？在电路中如何接入？
2. 分析图 1-5-9 所示电路的工作原理。

自 测 题 一

一、判断题

1. 开启式负荷开关合闸状态时手柄应向上。（　　）

2. 一台额定电压为 220 V 的交流接触器在交流 220 V 和直流 220 V 的电源上均可使用。（　　）

3. 三相异步电动机定子绕组接法是由电源线电压和每相定子绕组额定电压的关系决定的。（　　）

4. 热继电器的额定电流就是其触点的额定电流。（　　）

5. 异步电动机直接启动时的启动电流为额定电流的 4—7 倍,所以电路中配置的熔断器的额定电流也应按电动机额定电流的 4—7 倍来选择。（　　）

6. 熔体的额定电流应小于或等于熔断器的额定电流。（　　）

7. 电气原理图中同一电器的各个带电部件可以不画在一起。（　　）

8. 接触器自锁控制不仅保证电动机连续运转,而且还兼有失压保护作用。（　　）

9. 失压保护的目的是防止电压恢复时电动机自行起动。（　　）

10. 一定规格的热继电器,其所装的热元件规格可能是不同的。（　　）

11. 星-三角减压起动方法适合于各种三相异步电动机的减压起动。（　　）

12. 定子绕组是三角形联结的电动机应选用带断相保护装置的三相结构热继电器。（　　）

13. 欠电流继电器在电路正常情况下衔铁处于吸合状态,只有当电流低于规定值时衔铁才释放。（　　）

14. 中间继电器本质上是一个电压继电器。（　　）

15. 自耦变压器减压起动的方法适用于频繁起动的场合。（　　）

二、单项选择题

1. 交流接触器铁芯上设置短路环的目的是（　　）。

A. 减小涡流　　　　　　　　　　　　　B. 减小磁带损耗

C. 减小振动与噪音　　　　　　　　　　D. 减小铁心发热

2. 下列各型号熔断器中,分断能力最强的型号是（　　）。

A. RL6　　　　　B. RC1A　　　　　C. RM10　　　　　D. RT14

3. CJ20 - 160 型交流接触器在 380 V 时的额定工作电流为 160 A,故它在 380 V 时能控制的电动机的功率约为（　　）。

A. 20 kW　　　　B. 160 kW　　　　C. 85 kW　　　　D. 100 kW

4. 判断是交流接触器还是直流接触器的依据是（　　）。

A. 线圈电流的性质　　　　　　　　　　B. 主触点电流的性质

C．主触点额定电流　　　　　　　　　　　　D．辅助触点电流的性质

5．同一电器的各个部件在图中可以不画在一起的图是（　　）。

A．电气原理图　　　　　　　　　　　　　　B．电器布置图

C．安装接线图　　　　　　　　　　　　　　D．电气原理图和安装接线图

6．在异步电动机直接起动控制电路中，熔断器额定电流一般应取电动机额定电流的多少倍？（　　）

A．4—7 倍　　　　　　　　　　　　　　　　B．2.5—3 倍

C．1 倍　　　　　　　　　　　　　　　　　　D．1.5—2.5 倍

7．热继电器过载时双金属片弯曲是由于双金属片的（　　）不同。

A．机械强度　　　　　　　　　　　　　　　B．热膨胀系数

C．温差效应　　　　　　　　　　　　　　　D．电阻值

8．低压断路器不能切除下面哪种故障？（　　）

A．过载　　　　　　　B．短路　　　　　　　C．失压　　　　　　　D．欠电流

9．甲、乙两个接触器，欲实现互锁控制，则应（　　）。

A．在甲接触器的线圈电路中串入乙接触器的动断触点

B．在乙接触器的线圈电路中串入甲接触器的动断触点

C．在两接触器的线圈电路中互串对方的动断触点

D．在两接触器的线圈电路中互串对方的动合触点

10．通电延时型时间继电器延时常开触点的动作特点是（　　）。

A．线圈得电后，触点延时断开　　　　　　B．线圈得电后，触点延时闭合

C．线圈得电后，触点立即断开　　　　　　D．线圈得电后，触点立即闭合

11．空气阻尼式时间继电器断电延时型与通电延时型的结构相同，只是将（　　）翻转 180°安装，通电延时型即变为断电延时型。

A．触点系统　　　　　　　　　　　　　　　B．线圈

C．电磁机构　　　　　　　　　　　　　　　D．衔铁

12．当三相异步电动机采用星-三角减压起动时，每相定子绕组承受的电压是三角形接法全压起动的（　　）倍。

A．2　　　　　　　　B．3　　　　　　　　C．$1/\sqrt{3}$　　　　　　D．1/3

13．电压继电器的线圈与电流继电器的线圈相比，具有的特点是（　　）。

A．电压继电器的线圈与被测电路串联

B．电压继电器的线圈匝数多、导线细、电阻大

C．电压继电器的线圈匝数少、导线粗、电阻小

D．电压继电器的线圈匝数少、导线粗、电阻大

14．交流电压继电器和直流电压继电器铁心的主要区别是（　　）。

A．交流电压继电器的铁心是由彼此绝缘的硅钢片叠压而成，而直流电压继电器的铁心则不是

B．直流电压继电器的铁心是由彼此绝缘的硅钢片叠压而成，而交流电压继电器的铁心则不是

C．交流电压继电器的铁心由整块软钢制成，而直流电压继电器的铁心则不同

D．交、直流电压继电器的铁心都是由整块软钢制成，但其大小和形状不同

15. 适用于三相异步电动机容量较大且不允许频繁起动的减压起动方法是(　　)减压起动。

A．星形-三角形
B．自耦变压器
C．定子串电阻
D．延边三角形

项目二

三相异步电动机制动控制线路分析

三相异步电动机从断开电源到完全停止旋转,由于机械惯性总需要经过一段时间,这就要求对电动机进行强迫,使其立即停车,这就是电动机的制动控制。制动停车的方法有机械制动和电气制动。

本项目主要了解三相异步电动机制动方法和特点,学会分析反接制动和能耗制动控制线的工作原理和电路特点。

一、教学目标

1. 了解三相异步电动机的制动方法,理解各种制动方法的特点和使用场合;
2. 会分析三相异步电动机机械制动控制线路的工作原理;
3. 会分析三相异步电动机电气制动控制线路的工作原理。

二、工作任务

1. 分析机械制动控制线路的工作原理;
2. 分析三相异步电动机反接制动控制线路的工作原理;
3. 分析三相异步电动机能耗制动控制线路的工作原理。

模块一 三相异步电动机机械制动控制线路分析

机械制动是指三相异步电动机切断三相交流电源后，利用机械装置使电动机迅速停转的方法。应用较普遍的机械制动装置有电磁抱闸和电磁离合器两种。

 一、教学目标

促成目标：1. 认识机械制动装置，理解其制动原理；
　　　　　2. 会分析电磁抱闸制动控制线路工作原理；
　　　　　3. 会分析电磁离合器制动控制线路工作原理。

 二、工作任务

1. 分析图2-1-1所示的三相异步电动机断电电磁抱闸制动控制线路的工作原理。

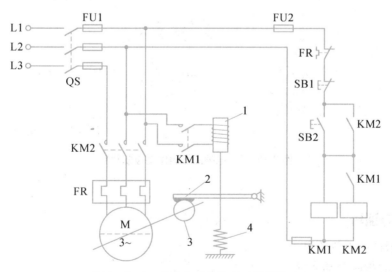

图2-1-1 断电电磁抱闸制动控制线路

1—电磁铁　2—制动闸　3—制动轮　4—弹簧

2. 分析图2-1-2所示的三相异步电动机通电电磁抱闸制动控制线路的工作原理。

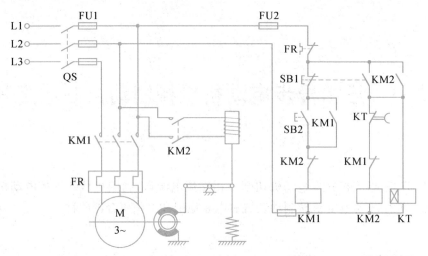

图 2-1-2　通电电磁抱闸制动控制线路

3. 分析图 2-1-3 所示的三相异步电动机电磁离合器制动控制线路的工作原理。

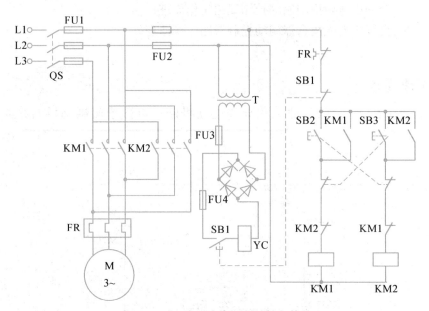

图 2-1-3　电磁离合器制动控制线路

1. 元器件认识与使用

（1）电磁抱闸制动装置

电磁抱闸是应用普遍的制动装置,它具有较大的制动力,能准确及时地使被制动的对象停止运动。特别在起重机械的提升机构中,如果没有制动器,则所吊起的重物会因自重而自动高速下降,造成设备和人身事故。

电磁抱闸装置结构如图 2-1-4 所示,主要包括制动电磁铁和闸瓦制动器两部分。制动电磁铁由铁心、衔铁和线圈三部分组成,并有单相和三相之分。常用的有单相交流短行程 MZD1 型和三相交流长行程 MZS 型。闸瓦制动器由闸轮、闸瓦、杠杆与弹簧等部分组成,闸轮与电动机装在同一根转轴上,闸瓦制动器常用的有 TJ2 型。制动强度可通过调整机械结构来改变。电磁抱闸可分为断电制动型和通电制动型两种。如果弹簧选用拉簧,则闸瓦平时处于"松开"状态,称为通电型电磁抱闸;如果弹簧选用压簧,则闸瓦平时处于"抱住"状态,称为断电型电磁抱闸。

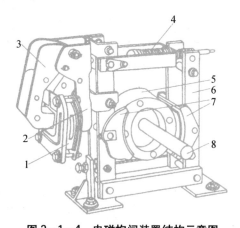

图 2-1-4　电磁抱闸装置结构示意图

1—线圈　2—铁心　3—衔铁　4—弹簧
5—闸轮　6—杠杆　7—闸瓦　8—轴

　　断电制动型的性能是:当线圈得电时,闸瓦与闸轮分开,无制动作用;当线圈失电时,闸瓦将紧抱闸轮进行制动。

　　通电制动型的性能是:当线圈得电时,闸瓦紧紧抱住闸轮制动;当线圈失电时,闸瓦与闸轮分开,无制动作用。

　　初始状态不同,相应的控制电路也就不同。但无论是通电型电磁抱闸还是断电型电磁抱闸,有一个原则是相同的,即:电动机在运转时,闸瓦应松开;电动机停转时,闸瓦应抱住。

　　制动电磁铁和闸瓦制动器的型号含义如下:

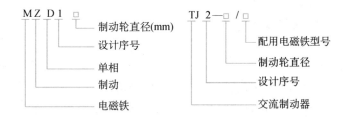

　　如图 2-1-5 所示为通电制动型电磁抱闸装置工作原理示意图。

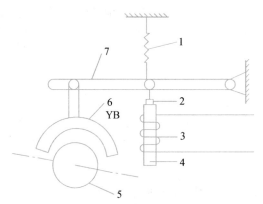

图 2-1-5　电磁抱闸装置工作原理示意图

1—弹簧　2—衔铁　3—线圈　4—铁心
5—闸轮　6—闸瓦　7—杠杆

（2）电磁离合器

电磁离合器种类很多，在这里主要介绍摩擦片式电磁离合器。它是利用表面摩擦来传递或隔离两根转轴的运动和转矩，以改变所控制机械装置的运动状态的，其结构如图2-1-6所示。

电磁离合器主要由制动电磁铁（包括铁心、衔铁和线圈）、内摩擦片、外摩擦片和制动弹簧等组成。

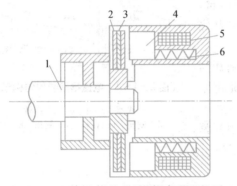

图2-1-6　摩擦片式电磁制动器结构图

1—电动轴　2—外摩擦片　3—内摩擦片
4—衔铁　5—直流线圈　6—弹簧

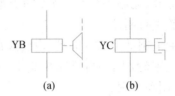

图2-1-7　制动电磁铁和电磁
离合器的电气符号

由于电磁离合器传递转矩大，体积小，制动方便且较平稳迅速，易于安装在机床内部，所以在机床上经常采用。

制动电磁铁和电磁离合器的电气符号如图2-1-7(a)、(b)所示。

2. 工作原理分析

（1）断电电磁抱闸制动控制线路（图2-1-1）分析

合上电源开关QS，按下起动按钮SB2，接触器KM1线圈得电吸合，制动电磁铁线圈接入电源，其衔铁向上移动，抬起制动闸，松开制动轮。KM1线圈得电后，KM2线圈顺序得电吸合，电动机接入电源，起动运转。按下停止按钮SB1，接触器KM1、KM2线圈失电释放，电动机和电磁铁线圈均断电，制动闸在弹簧作用下紧压在制动轮上，依靠摩擦力使电动机快速停车。

用流程法写出电路工作过程如下：

① 起动过程

按下SB2→KM1$^+$ ┌→KM1 主触点闭合，松开制动轮；
　　　　　　　　└→KM1 常开触点闭合→KM2$^+$ ┌→KM2 常开触点闭合，自锁
　　　　　　　　　　　　　　　　　　　　　　└→KM2 主触点闭合，M 起动运转

② 制动过程

按下SB1 ┌→KM1$^-$→KM1 主触点断开，制动闸紧压在制动轮上，使电动机制动
　　　　 └→KM2$^-$→KM2 主触点断开，M 断开电源

由于在电路设计时使接触器KM1和KM2线圈顺序得电，使制动电磁铁线圈先通电，待制动闸松开后，电动机才接通电源，因而就避免了电动机在起动前瞬时出现的"电动

机定子绕组通电而转子被掣住不转的运行状态"。这种抱闸制动形式,在制动电磁铁线圈一旦断电或未接通时电动机都处于制动状态,故称为断电抱闸制动方式。

这种控制线路不会因网络电源中断或电气线路故障而使制动的安全性和可靠性受影响。但电动机制动时,其转轴不能转动,也不便调整;而当电动机正常运转时,KM1和制动电磁铁线圈处于长期通电状态。

(2) 通电电磁抱闸制动控制线路(图2-1-2)分析

合上电源开关QS,按下起动按钮SB2,接触器KM1线圈得电吸合,电动机起动运行。按下停止按钮SB1,接触器KM1线圈失电,触点复位,电动机脱离电源。接触器KM2线圈得电吸合,制动电磁铁线圈通电,衔铁向下移动,使制动闸紧紧抱住制动轮,同时时间继电器KT线圈得电。当电动机惯性转速下降至零时,时间继电器KT的常闭触点经延时断开,使KM2和KT线圈先后失电,从而使制动电磁铁线圈断电,制动闸又恢复到"松开"状态。

电磁抱闸制动的优点是制动力矩大,制动迅速,安全可靠,停车准确。其缺点是制动愈快,冲击振动就愈大,对机械设备不利。由于这种制动方法较简单,操作方便,所以在生产现场得到广泛应用。至于选用哪种电磁抱闸制动方式,要根据生产机械工艺要求决定。一般在电梯、吊车、卷扬机等一类升降机械上,应采用断电电磁抱闸制动方式;而机床一类经常需要调整加工件位置的机械设备,往往采用通电电磁抱闸制动方式。

(3) 电磁离合器制动线路(图2-1-3)分析

合上电源开关QS,按下SB2或SB3,电动机正向或反向起动,由于电磁离合器的线圈YC没有得电,离合器不工作。按下停止按钮SB1,SB1的常闭触点断开,KM_1或KM_2线圈断电,其主触点断开,将电动机定子绕组电源切断;SB1的常开触点闭合使电磁离合器YC得电吸合,将摩擦片压紧,实现制动,电动机惯性转速迅速下降。松开按钮SB1时,电磁离合器线圈断电,结束强制制动,电动机停转。

四、理论知识

问题1:电动机在停止时,为什么要采用制动停车?
问题2:什么是机械制动?

1. 电动机的自然停车与制动停车

三相异步电动机从切除电源到完全停止旋转,由于机械惯性,总需要经过一段时间,这往往不能适应某些机械的工艺要求。许多由电动机驱动的机械设备无论是从提高生产效率,还是从安全及准确停位等方面考虑,都要求能迅速停车,因此要求对电动机进行制动控制。制动停车的方式有两大类:机械制动和电气制动。机械制动是采用机械抱闸的方式,由手动或电磁铁驱动机械抱闸机构来实现制动;电气制动是在电动机上产生一个与原转子转动方向相反的制动转矩,迫使电动机迅速停车。常用的电气制动方法有能耗制动和反接制动。

2. 机械制动

机械制动的设计思想是利用外加的机械作用力,使电动机迅速停止转动。这个外加的力可以通过电磁抱闸的制动闸紧紧抱住与电动机同轴的制动轮,或者通过压紧电磁离合器的摩擦片来产生。

五、拓展知识

图2-1-3中,电磁离合器所用电源是直流电,直流电的获取可以利用具有单向导电性能的整流元件二极管,将交流电转换成单向脉动直流电。将交流电整流成直流电的电路称为整流电路。整流电路按输入电源相数可分为单相整流电路和三相整流电路;按输出波形又可分为半波整流电路和全波整流电路。目前广泛使用的是桥式整流电路。

单相桥式整流电路如图2-1-8所示。在电源正半周时,二极管D1、D3导通,在负载电阻上得到正弦波的正半周;在电源负半周时,二极管D2、D4导通,在负载电阻上得到正弦波的负半周。在负载电阻上正、负半周经过合成,得到同一个方向的单向脉动电压。如图2-1-9所示。

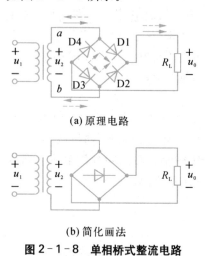

(a) 原理电路

(b) 简化画法

图2-1-8 单相桥式整流电路

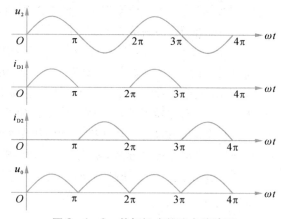

图2-1-9 单相桥式整流电路波形

单相全波整流电压的平均值为:

$$U_o = \frac{1}{\pi} \int_0^\pi \sqrt{2} U_2 \sin \omega t \, d(\omega t) = 2\frac{\sqrt{2}}{\pi} U_2 = 0.9 U_2 \qquad (2-1-1)$$

流过负载电阻 R_L 的电流平均值为:

$$I_o = \frac{U_o}{R_L} = 0.9 \frac{U_2}{R_L} \qquad (2-1-2)$$

流经每个二极管的电流平均值为负载电流的一半,即:

$$I_D = \frac{1}{2} I_o = 0.45 \frac{U_2}{R_L} \qquad (2-1-3)$$

每个二极管在截止时承受的最高反向电压为 u_2 的最大值,即:

$$U_{RM} = U_{2M} = \sqrt{2} U_2 \qquad (2-1-4)$$

整流变压器副边电压有效值为:

$$U_2 = \frac{U_o}{0.9} = 1.11U_o \qquad\qquad (2-1-5)$$

整流变压器副边电流有效值为：

$$I_2 = \frac{U_2}{R_L} = 1.11\frac{U_o}{R_L} = 1.11I_o \qquad\qquad (2-1-6)$$

由以上计算公式，可以选择整流二极管和整流变压器。

注意：整流电路中的二极管是作为开关运用的，整流电路既有交流量，又有直流量。通常输入（交流）用有效值或最大值表示；输出（直流）用平均值表示；整流管正向电流用平均值表示；整流管反向电压用最大值表示。

六、练习

1. 比较通电电磁抱闸与断电电磁抱闸的特点和应用场合。
2. 分析图 2-1-10 所示制动线路的工作原理，并说明是通电抱闸还是断电抱闸。

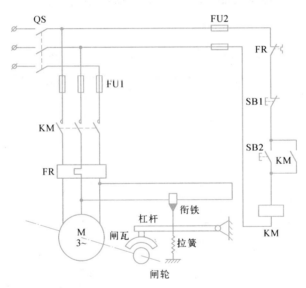

图 2-1-10

模块二　三相异步电动机能耗制动控制线路分析

电气制动是指在三相异步电动机转子上产生一个与原转子转动方向相反的制动转矩，迫使电动机迅速停车。常用的电气制动方法有能耗制动和反接制动。

 一、教学目标

1. 理解三相异步电动机能耗制动的控制原理；
2. 会分析三相异步电动机能耗制动控制线路的工作原理。

 二、工作任务

1. 分析图2-2-1所示有变压器桥式整流的三相异步电动机能耗制动控制线路的工作原理。

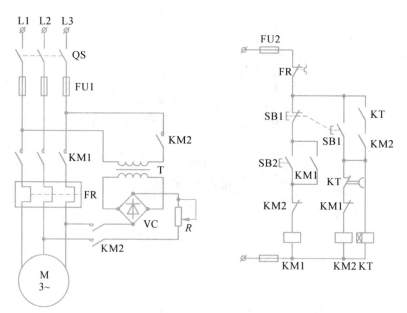

图2-2-1　按时间原则控制的三相异步电动机单向能耗制动控制线路

2. 分析图2-2-2所示无变压器半波整流的三相异步电动机能耗制动控制线路的工作原理。

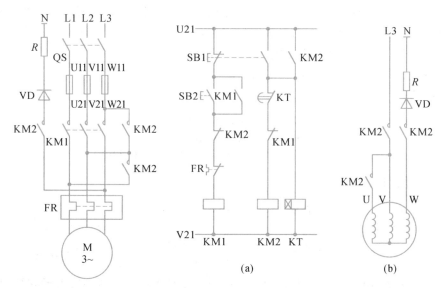

图 2-2-2　无变压器的三相异步电动机单管能耗制动控制线路

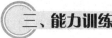

1. 有变压器桥式整流的三相异步电动机能耗制动控制线路分析

（1）电路组成

电路由主电路和控制电路组成,主电路有两个交流接触器 KM1、KM2,其中 KM1 是电动机运行接触器,KM2 是能耗制动接触器。整流桥提供能耗制动所需的直流电。控制电路中的时间继电器 KT 控制能耗制动的时间,并通过延时断开的触点切断直流电。

（2）线路工作原理分析

① 主电路分析　合上电源开关 QS,当 KM1 主触点闭合时,M 起动运行;当 KM2 主触点闭合时,M 实现能耗制动。

T 是控制变压器,二次侧交流电压经整流桥,变成适当的直流电供能耗制动使用。

② 控制电路分析　控制电路分为起动和停车制动两部分。

起动过程:按下起动按钮 SB2,接触器 KM1 线圈得电自锁,KM1 主触点闭合,电动机接入三相电源起动运转。

能耗制动:按下停止按钮 SB1,KM1 线圈断电释放,其主触点断开,电动机断开三相交流电源。同时,KM2、KT 线圈同时通电并自锁,KM2 主触点将电动机定子绕组接入直流电源进行能耗制动,电动机转速迅速降低。当转速接近零时,通电延时型时间继电器 KT 延时时间到,KT 常闭延时断开触点动作,使 KM2、KT 线圈相继断电释放,能耗制动结束。

图 2-2-1 中 KT 的瞬时常开触点其作用是避免在 KT 线圈断线或机械卡住故障时,造成 KM2 线圈不能断电、电动机定子绕组长期接通直流电而过热烧毁的现象。

如果没有这个 KT 瞬时触点,按下 SB1 进行能耗制动,当发生 KT 线圈断线或机械卡住故障时,会造成 KT 通电延时常闭触点无法断开,致使 KM2 线圈不能断电,从而导致电动机定子绕组长期通入直流电,使电动机绕组过热。

加上这个 KT 瞬时触点,与 KM2 常开触点串联,可实现共同自锁。一旦发生 KT 线圈断线或机械卡住故障时,KT 常开瞬时触点也合不上,这样按下 SB1,就成为点动的能耗制动,松开 SB1,KM2 线圈就会断电,从而断开直流电源。

用流程法写出控制电路工作过程如下:

起动过程:

$$
按下 SB2 \rightarrow KM1^+ \begin{cases} \rightarrow KM1 \text{ 互锁触点断开} \\ \rightarrow KM1 \text{ 自锁触点闭合} \\ \rightarrow KM1 \text{ 主触点闭合,M 起动运行} \end{cases}
$$

能耗制动过程:

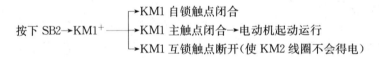

$\rightarrow$ KM2 主触点闭合 $\rightarrow$ M 能耗制动,$\rightarrow$ KT 整定时间到 $\rightarrow$ KT 延时常闭触点断开 $\rightarrow$ KM2$^-$、KT$^-$

2. 无变压器半波整流的三相异步电动机能耗制动控制线路分析

对于 10 kW 以下电动机,在制动要求不高时,可采用如图 2-2-2 所示的无变压器单管能耗制动。图中 KM1 为电动机运行接触器,KM2 为能耗制动接触器,KT 为能耗制动时间继电器。该电路整流电源电压为 220 V,由 KM2 主触点接至电动机定子绕组,经整流二极管 VD 接至电源中性线 N 构成闭合电路。电路工作原理与图 2-1-1 所示电路相似,写成流程形式如下:

合上电源开关 QS。

起动过程:

$$
按下 SB2 \rightarrow KM1^+ \begin{cases} \rightarrow KM1 \text{ 自锁触点闭合} \\ \rightarrow KM1 \text{ 主触点闭合} \rightarrow 电动机起动运行 \\ \rightarrow KM1 \text{ 互锁触点断开(使 KM2 线圈不会得电)} \end{cases}
$$

能耗制动过程:

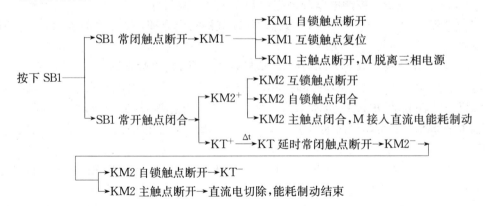

问题1:什么是三相异步电动机能耗制动?能耗方法制动有什么特点?适用于什么场合?

问题2:能耗制动所用的直流电源可以通过哪些方法切除?

1. 能耗制动的定义

所谓能耗制动,就是在三相异步电动机脱离三相交流电源之后,在电动机定子绕组上立即加一个直流电压,利用转子感应电流与静止磁场的作用产生制动转矩以达到制动目的的制动方法。

图2－2－3所示为能耗制动原理示意图。制动时,先断开电源开关QS,切断电动机的交流电源,转子因惯性继续转动。随后立即合上开关SA,电动机的定子绕组则接入一直流电源,绕组中流过直流电流,使定子中产生一个恒定的静止磁场,这样将使做惯性转动的转子切割静止磁场的磁力线而在转子绕组中产生感应电流。根据右手定则可判断出感应电流方向上面为⊗,下面为⊙。感应电流一旦产生,立即又受到静止磁场的作用而产生电磁转矩。根据左手定则,可判断其方向正好与电动机的旋转方向相反,因此是一个制动转矩,能使电动机迅速停止转动。由于这一制动方法实质上是将转子机械能转变成电流,又消耗在转子的制动上,因此称为能耗制动。

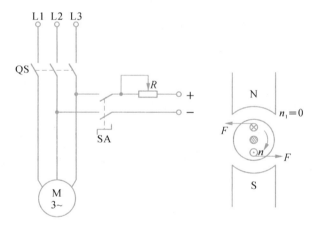

图2－2－3　能耗制动原理示意图

2. 能耗制动的特点和适用场合

能耗制动的特点是制动平稳,但需附加直流电源装置,设备费用较高,制动力较小,特别是到低速阶段时,制动力矩更小。因此,能耗制动一般只适用于制动要求平稳准确的场合,如磨床、立式铣床等设备的控制线路中。

3. 直流电压的切除

当转速降至零时,转子导体与磁场之间无相对运动,感应电流消失,制动转矩变为零,电动机停转。制动结束需要将直流电源切除,根据直流电压切除的方法,有采用时间继电器控制与采用速度继电器控制两种形式。

时间原则控制的能耗制动，一般适用于负载转矩和负载转速较为稳定的电动机，这样使时间继电器的调整值比较固定；而速度原则控制的能耗制动，则适用于那些能通过传动系统来实现负载速度变换的生产机械。

五、拓展知识

1. 能耗制动所需的直流电压

对三相笼型异步电动机，增大制动转矩只能靠增大通入电动机的直流电流来实现，而通入电动机的直流电流如果太大，将会烧坏定子绕组。因此能耗制动时所需的直流电压和直流电流可按下面的经验公式进行计算：

$$I_{DC} = (3—5)I_0 \tag{2-2-1}$$

$$或\ I_{DC} = 1.5I_N$$

$$U_{DC} = I_{DC} \cdot R \tag{2-2-2}$$

式中 I_{DC}——能耗制动时所需的直流电流（A）；

I_N——电动机的额定电流（A）；

I_0——电动机空载时的线电流（A），一般取

$$I_0 = (0.3—0.4)I_N \tag{2-2-3}$$

U_{DC}——能耗制动时所需的直流电压（V）；

R——定子绕组的冷态电阻（Ω）。

六、练习

1. 什么是三相异步电动机的能耗制动？简述其特点及适用场合。

2. 分析图 2-2-4 所示三相异步电动机能耗制动控制线路的工作原理。

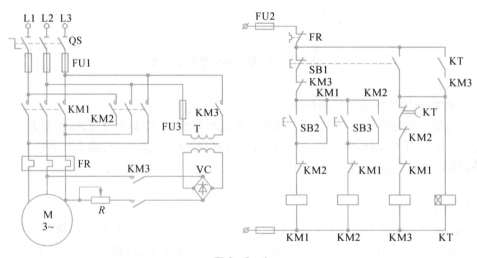

图 2-2-4

模块三　三相异步电动机反接制动控制线路分析

一、教学目标

1. 理解三相异步电动机反接制动的控制原理；
2. 会分析三相异步电动机反接制动控制线路的工作原理。

二、工作任务

分析图 2 - 3 - 1 所示电路的工作原理。

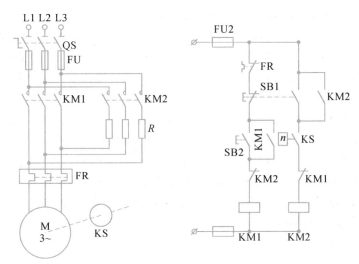

图 2 - 3 - 1　按速度原则控制的三相异步电动机单向反接制动控制线路

三、能力训练

1. 元器件认识与使用

上一个模块介绍三相异步电动机能耗制动控制电路时，我们提到直流电源的切除可以按时间原则或按速度原则。速度继电器常用于三相电动机反接制动线路中，当电动机速度达到规定值时继电器动作，当速度下降到接近零时，速度继电器触点要及时断开，切断反相电源，以防电动机反向起动。

感应式速度继电器结构如图 2 - 3 - 2 所示。它是根据电磁感应原理制成的，在结构上主要由转子、定子和触点三部分组成。

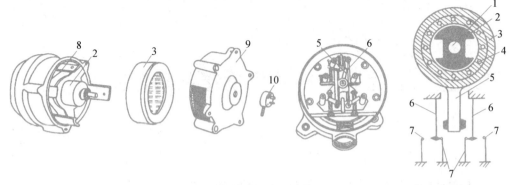

图2-3-2　速度继电器结构原理图

1—转轴　2—转子(永久磁铁)　3—定子　4—定子绕组　5—胶木摆杆　6—簧片
7—触点　8—可动支架　9—端盖　10—连接头

转子是一块圆柱形永久磁铁,它与电动机同轴相连,用以接收转动信号。定子固定在可动支架上,是一个笼型空心圆环,由硅钢片叠成,并装有笼型绕组,定子套在转子上,定子上还装有胶木摆杆。触点系统有两组复合触点,每组含一个簧片(动触点)和两个静触点。当电动机运转时,转子(磁铁)随着电动机一起转动,相当于一个旋转磁场,定子绕组因切割磁力线产生感应电流,此电流又受到磁场力作用,使定子也和转子同方向转动,于是胶木摆杆也转动,推动簧片离开内侧静触点(常闭触点分断),而与外侧静触点接触(常开触点闭合)。外侧静触点作为挡块,限制了摆杆继续转动,因此,定子和摆杆只能转动一定角度。由于簧片具有一定的弹力,所以只有当电动机转速大于一定值时,摆杆才能推动簧片;当转速小于一定值时,定子产生的转矩减小,簧片(触点)复位。调节簧片弹力,可使速度继电器在不同转速时切换触点,改变通断状态。

速度继电器的动作转速一般不低于 140 r/min,复位转速约在 100 r/min 以下,该数值可以调整。工作时,允许的转速高达 1 000—3 600 r/min,由速度继电器的正转和反转切换触点的动作,来反映电动机转向和速度的变化。常用的速度继电器型号有 JY1 和 JFZ0 型,它们共有两对常开触点和两对常闭触点,触点额定电压 380 V,额定电流 2 A。速度继电器主要根据电动机的额定转速和控制要求来选择。

速度继电器的图形符号如图2-3-3所示,文字符号为KS。

　　(a) 转子　　　　　　　(b) 常开触点　　　　　(c) 常闭触点

图2-3-3　速度继电器电气符号

2. 三相异步电动机单向反接制动控制线路分析

图2-3-1所示电动机单向反接制动控制线路的工作原理分析如下。

(1) 主电路分析

合上 QS,KM1 主触点闭合,M 直接起动运行;KM2 主触点闭合,M 串电阻反接制动。

(2) 控制电路分析

- 项目二

起动过程：

按下 SB2→KM1⁺ ──→ KM1 自锁触点闭合
                ──→ KM1 互锁触点断开
                ──→ KM1 主触点闭合，M 直接起动运行─→

└─n↑，当 n＞140 r/min 时，KS 常开触点闭合，为反接制动作准备

反接制动过程：

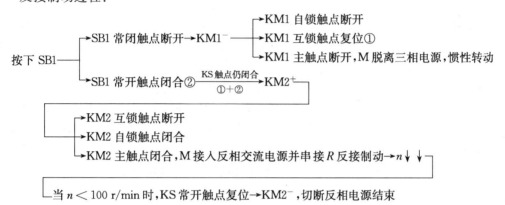

按下 SB1 ──→ SB1 常闭触点断开→KM1⁻ ──→ KM1 自锁触点断开
                                    ──→ KM1 互锁触点复位①
                                    ──→ KM1 主触点断开，M 脱离三相电源，惯性转动

         └─→ SB1 常开触点闭合② ──KS 触点仍闭合／①+②──→ KM2⁺

──→ KM2 互锁触点断开
──→ KM2 自锁触点闭合
──→ KM2 主触点闭合，M 接入反相交流电源并串接 R 反接制动→n↓↓

└─当 n＜100 r/min 时，KS 常开触点复位→KM2⁻，切断反相电源结束

四、理论知识

问题 1：什么是三相异步电动机反接制动？反接制动方法有什么特点？适用于什么场合？
问题 2：三相异步电动机反接制动控制线路中为什么要串电阻？

1. 反接制动

反接制动是通过改变电动机电源的相序，使定子绕组产生相反方向的旋转磁场，因而产生制动转矩迫使电动机迅速停止转动的方法。反接制动原理示意图如图2-3-4所示。

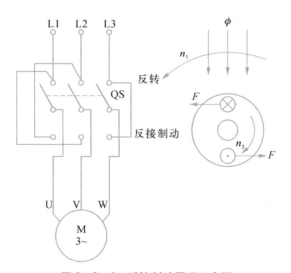

图 2-3-4 反接制动原理示意图

当合上 QS 时,电动机以转速 n_2 旋转。当电动机需要停转时,可先拉开正转接法的电源开关 QS,使电动机与三相电源脱离,而转子由于惯性仍按原方向旋转。随后将开关 QS 迅速扳向反接制动位置,使 U、V 两相电源进行对调,产生的旋转磁场 ϕ 方向与原来的方向正好相反。因此,在电动机转子中就产生了与原来方向相反的电磁转矩,即制动转矩,使电动机受制动而停止转动。

2. 反接制动控制线路的要求

反接制动时,转子与旋转磁场的相对速度接近于两倍的同步转速,所以定子绕组中流过的反接制动电流相当于全电压直接起动时电流的两倍,因此反接制动的特点之一是制动迅速,但冲击大,因此通常适用于 10 kW 以下的小容量电动机。为了减少冲击电流,通常要求串接一定的电阻以限制反接制动电流,这个电阻称为反接制动限流电阻。反接制动限流电阻有对称和不对称两种接法。显然采用对称电阻接法在限制制动转矩的同时,也限制了制动电流,而采用不对称电阻的接法,只限制了制动转矩,未加制动电阻的那一相仍具有较大的电流,因此一般采用对称接法。反接制动的另一个要求是在电动机转矩速度接近于零时,要及时切断反相序的电源,以防止电动机反向再起动。

3. 反接制动的特点和适用场合

反接制动的特点是制动迅速、效果好,但制动过程中冲击强烈,易损坏传动部件,制动准确性差,制动过程中能量损耗大,不宜经常制动。因此,反接制动一般适用于要求制动迅速,系统惯性大,且不经常进行起动、制动的场合。

表 2-3-1 列出了笼型异步电动机能耗制动与反接制动的使用场合及特点。

表 2-3-1 笼型异步电动机能耗制动与反接制动的使用场合及特点

制动方法	使 用 场 合	特 点
能耗制动	要求平稳制动	制动能耗小,制动准确度不高,需直流电源,设备费用高
反接制动	要求制动迅速,系统惯性大,制动不频繁的场合	设备简单,调整方便,制动迅速,价格低,但制动冲击大,准确性差,能耗大,不宜频繁制动,需加装速度继电器

五、拓展知识

1. 三相异步电动机可逆运行反接制动控制线路分析

图 2-3-5 为三相异步电动机可逆运行反接制动控制线路。图中 KM1、KM2 为电动机正、反转接触器,KM3 为短接制动电阻接触器,KA1、KA2、KA3、KA4 为中间继电器,KS 为速度继电器,其中 KS-1 为正转闭合触点,KS-2 为反转闭合触点。电阻 R 在起动时作为定子串电阻减压起动用,停车时又作为反接制动限流电阻。

主电路分析:合上电源开关 QS,当 KM1 主触点闭合时,电动机定子绕组经电阻 R 接通正相序三相交流电源减压起动;当 KM3 主触点闭合时,短接电阻 R,电动机正向全压运行。

当 KM2 主触点闭合时,电动机定子绕组经电阻 R 接通反相序三相交流电源减压起动;当 KM3 主触点闭合时,短接电阻 R,电动机反向全压运行。

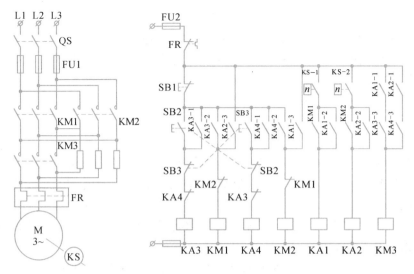

图 2-3-5 三相异步电动机可逆运行反接制动控制线路

控制电路分析：

正向起动过程工作原理如下：

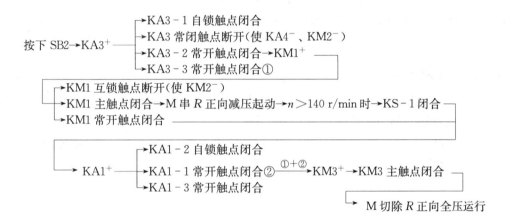

正向反接制动过程工作原理如下：

按下 SB1→KA3⁻ ┬→KA3-1 自锁触点断开
　　　　　　　 ├→KA3 互锁触点闭合
　　　　　　　 ├→KA3-3 常开触点断开 →KM3⁻→KM3 主触点断开,M 串入 R
　　　　　　　 └→KA3-2 常开触点断开 →KM1⁻

┬→KM1 主触点断开→M 作惯性运转
├→KM1 互锁触点闭合→KM2⁺→KM2 主触点闭合→电动机串 R 反接制动
└→KM1 常开触点断开

n < 100 r/min
　　→KS-1 常开触点复位→KA1⁻

┬→KA1-1 常开触点断开
├→KA1-2 自锁触点断开
└→KA1-3 常开触点断开 → KM2⁻→KM2 主触点断开(反接制动结束)

三相异步电动机反向起动和反接制动停车控制电路工作情况与上述相似,不同的是速度继电器起作用的是反向触点 KS-2,中间继电器 KA2、KA4 替代了 KA1、KA3,其余情况相同,在此不再复述。电动机转速从零上升到速度继电器 KS 常开触点闭合这一区间是定子串电阻减压起动。

2. 反接制动限流电阻

反接制动时,由于旋转磁场与转子的相对转速很高,产生的感应电动势很大,所以转子电流比直接起动时的电流还大。一般情况下,反接制动电流为电动机额定电流的 10 倍左右。因此,反接制动适用于 10 kW 以下小容量电动机的制动,而且对 4.5 kW 以上的笼型异步电动机进行反接制动时,为限制反接制动电流,防止绕组过热和减小制动冲击,需在定子回路中串入限流电阻 R。

在限流电压为 380 V 时,如果要使反接制动电流不大于电动机直接起动时的起动电流,则三相电路每相所串电阻 R 的大小可根据经验公式进行估算:

$$R = 1.5 \times 220/I_q(\Omega) \tag{2-3-1}$$

式中 I_q 为电动机全压时的起动电流,单位为"安培"。

如果反接制动时只在电源两相串入电阻,则电阻值应加大,分别取上述估算值的 1.5 倍。

六、练习

1. 在三相异步电动机单向反接制动控制电路中,若速度继电器触点接错,常开触点错接成常闭触点将发生什么结果?为什么?

2. 分析图 2-3-5 所示电路的三相异步电动机反向起动运行和反接制动过程的工作原理。

3. 分析图 2-3-6 所示控制线路的工作原理。

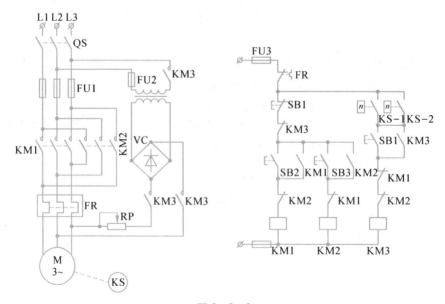

图 2-3-6

项目二

自 测 题 二

一、选择题

1. 起重机中所用的电磁制动器,其工作情况为( )。
   A. 通电时电磁抱闸将电动机抱住
   B. 断电时电磁抱闸将电动机抱住
   C. 上述两种情况都可以
   D. 上述两种情况都不是

2. 三相异步电动机的能耗制动方法是指制动时向三相异步电动机定子绕组中通入
   ( )。
   A. 单相交流电
   B. 三相交流电
   C. 直流电
   D. 反相序三相交流电

3. 三相异步电动机采用能耗制动,切断电源后,应将电动机( )。
   A. 转子回路串电阻
   B. 定子绕组两相绕组反接
   C. 转子绕组进行反接
   D. 定子绕组送入直流电

4. 能耗制动适用于三相异步电动机( )的场合。
   A. 容量较大、制动频繁
   B. 容量较大、制动不频繁
   C. 容量较小、制动频繁
   D. 容量较小、制动不频繁

5. 图 2 - 2 - 1 中,整流桥的直流输出电压平均值是交流输入电压有效值的( )倍。
   A. 0.45
   B. 0.9
   C. $\sqrt{2}$
   D. $\sqrt{3}$

6. 三相异步电动机的反接制动方法是指制动时向三相异步电动机定子绕组中通入
   ( )。
   A. 单相交流电
   B. 三相交流电
   C. 直流电
   D. 反相序三相交流电

7. 三相异步电动机采用反接制动,切断电源后,应将电动机( )。
   A. 转子回路串电阻
   B. 定子绕组两相绕组反接
   C. 转子绕组进行反接
   D. 定子绕组送入直流电

8. 三相异步电动机反接制动时,旋转磁场反向,与电动机转动方向( )。
   A. 相反
   B. 相同
   C. 不变
   D. 不能判断

9. 速度继电器一般用于( )。
   A. 三相异步电动机的正反转控制
   B. 三相异步电动机的多地控制
   C. 三相异步电动机的反接制动控制
   D. 三相异步电动机的能耗制动控制

二、判断题

1. 电磁抱闸是起重机中电动机常用的一种机械制动方法。( )
2. 能耗制动比反接制动所消耗的能量小,制动平稳。( )
3. 能耗制动的制动转矩与通入定子绕组中的直流电流成正比,因此电流越大越好。

（　　）

4. 时间原则控制的能耗制动控制电路中,时间继电器整定时间过长会引起定子绕组过热。（　　）

5. 至少有两相定子绕组通入直流电,才能实现能耗制动。（　　）

6. 速度继电器的触点状态决定于其线圈是否得电。（　　）

7. 三相异步电动机采用制动措施的目的是为了停车平稳。（　　）

8. 在反接制动的控制电路中,必须采用以时间为变化参量进行控制。（　　）

9. 反接制动时由于制动电流较大,对三相异步电动机产生的冲击比较大,因此应在定子回路中串入限流电阻,而且仅适用于小功率异步电动机的制动。（　　）

项目三

三相异步电动机调速控制线路分析

在一些机床中,根据加工工件材料、刀具种类、工件尺寸、工艺要求等会选择不同的加工速度,这就要求三相异步电动机的转速可以调节。三相异步电动机的调速方法有机械调速和电气调速两种。

本项目主要介绍三相异步电动机电气调速的方法和特点,以及变极调速控制电路的识读、安装接线及通电调试。

一、教学目标

1. 知道三相异步电动机的调速方法；

2. 能正确分析双速电动机控制线路的工作原理；

3. 能根据按钮切换的双速电动机电路原理图,绘制安装接线图,完成安装接线和调试。

二、工作任务

1. 分析双速电动机控制线路的工作原理(按钮控制线路图 3－1 和自动控制线路图3－2)

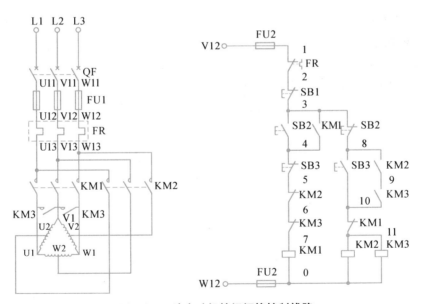

图 3－1　双速电动机按钮切换控制线路

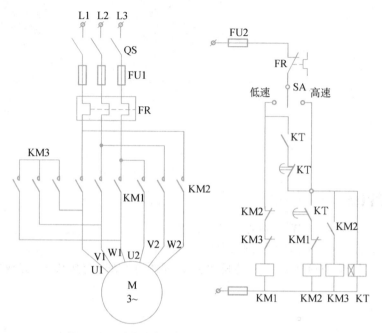

图3-2 时间继电器控制的双速电动机控制线路

2. 进行按钮切换的双速电动机控制线路的安装接线和调试

 三、能力训练

1. 双速电动机定子绕组的接线方式

双速电动机定子绕组常用的接线方式有 D/Y Y和Y/Y Y两种。

(1) D/Y Y联接 图3-3是4/2极双速异步电动机定子绕组 D/Y Y联接示意图。

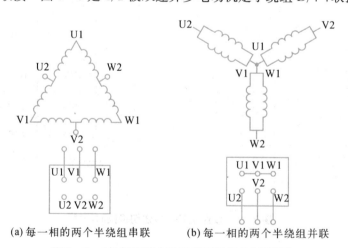

(a) 每一相的两个半绕组串联   (b) 每一相的两个半绕组并联

图3-3 4/2极双速电动机定子绕组 D/Y Y联接

图中定子绕组接成三角形,三根电源线接在接线端 U1、V1、W1 上,从每相绕组的中点引出接线端 U2、V2、W2,这样定子绕组共有六个出线端,通过改变这六个出线端与电源的连接方式,就可以得到不同的转速。

图(a)将绕组的 U1、V1、W1 三个端接三相电源,将 U2、V2、W2 三个端悬空,三相定子绕组接成三角形。这时每一相的两个半绕组串联,电动机以四极运行,为低速。

图(b)将 U2、V2、W2 三个端接三相电源,将 U1、V1、W1 连成一点,三相定子绕组接成双星形。这时每一相的两个半绕组并联,电动机以两极运行,为高速。

(2) Y/YY联接　图 3-4 是 4/2 极双速电动机定子绕组Y/YY连接示意图。

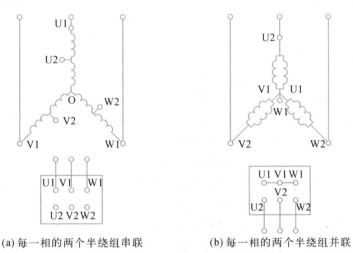

(a) 每一相的两个半绕组串联　　　(b) 每一相的两个半绕组并联

图 3-4　4/2 极双速电动机定子绕组Y/YY联接

图(a)将绕组的 U1、V1、W1 三个端接三相电源,将 U2、V2、W2 三个端悬空,三相定子绕组接成星形。这时每一相的两个半绕组串联,电动机以四极运行,为低速。

图(b)将 U2、V2、W2 三个端接三相电源,将 U1、V1、W1 连成一点,三相定子绕组接成双星形。这时每一相的两个半绕组并联,电动机以两极运行,为高速。

必须注意,在通过改变磁极对数进行三相异步电动机调速时,为保证调速前后电动机旋转方向不变,在变极同时,主电路中必须同时改变电源相序。

2. 原理图分析

(1) 双速电动机按钮控制线路分析

图 3-1 为按钮接触器控制的双速电动机电路原理图,双速电动机为 4/2 极 D/YY连接。主电路中,当接触器 KM1 主触点闭合,KM2、KM3 主触点断开时,三相电源从接线端 U1、V1、W1 进入双速电动机 M 绕组中,双速电动机 M 绕组接成三角形,以四极运行,为低速;而当接触器 KM1 主触点断开,KM2、KM3 主触点闭合时,三相电源从接线端 U2、W2、V2 进入双速电动机 M 绕组中,双速电动机 M 绕组接成双星形,以两极运行,为高速。即:SB2、KM1 控制双速电动机 M 低速运转;SB3、KM2、KM3 控制双速电动机 M 高速运转。

主电路分析。合上 QF,当 KM1 主触点闭合时,M 低速起动运行;当 KM2、KM3 主触点闭合时,M 高速起动运行。

控制电路分低速起动电路和高速起动电路。

① 低速起动运行过程:

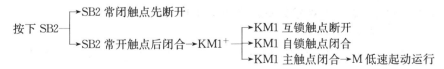

② 高速起动运行过程：

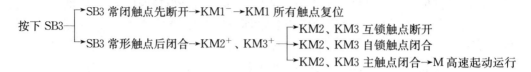

③ 停止过程：

当 M 低速运行时，按下 SB1，KM1 线圈断电，所有触点复位，M 停止运转。当 M 高速运行时，按下 SB1，KM2、KM3 线圈断电，所有触点复位，M 停止运转。

在双速电动机的控制电路中存在一个高、低速转换转子转向必须同向的问题。电动机在低速运行时，如果转向是正转（逆时针方向旋转），而在转换成高速时为反转（顺时针方向旋转），即双速电动机在高、低速转换时不同向，这时只要将双速电动机 M 的接线端 U1、V1、W1 或 U2、V2、W2 中的任意两相调换即可。图 3－1 中是交换 V2、W2 两相电源线，从而保证了电动机调速前后旋转方向不变。

（2）时间继电器控制的双速电动机控制线路分析

双速电动机的自动控制线路如图 3－2 所示，图中 SA 是具有三个接点的转换开关。

当开关 SA 扳到中间位置时，电动机停止运转。如把 SA 扳到标有"低速"的位置时，电动机低速运转。当 SA 扳到标有"高速"的位置时，电动机首先以低速起动，经过一定时间后，高速运转。

主电路分析与图 3－1 相同。

控制电路分析如下：

① 当 SA 扳在"低速"位置时：

KM1⁺ ━━┳━→KM1 常闭触点断开，对 KM2 互锁
　　　　┗━→KM1 主触点闭合→M 低速起动运行

② 当 SA 扳在"高速"位置时：电动机首先以低速起动，经过一定时间后，自动转为高速运转。

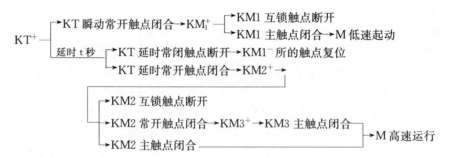

③ 当 SA 扳到"中间"位置时，电动机停止运转。

注意，图 3－2 中是交换 U2、W2 两相电源线来保证电动机调速前后转向不变的。

3. 双速电动机按钮控制线路的安装接线和通电调试

（1）安装注意事项

① 接线时，注意主电路中接触器 KM1、KM2 在两种转速下电源相序的改变，不能接

错。否则,两种转速下电动机的转向相反,换向时将产生很大的冲击电流。

② 主电路接线时,要看清楚电动机出线端的标记,掌握接线要点:控制双速电动机△接法的接触器 KM1 和 Y Y 接法的 KM2 的主触点与电动机连接线不能对换,否则不但无法实现双速控制要求,而且会在 Y Y 形运行时造成电源短路事故。

③ 通电试车前,要反复检验一下电动机的接线是否正确,并测试绝缘电阻是否符合要求。

(2) 安装接线图

如图 3-5 所示。

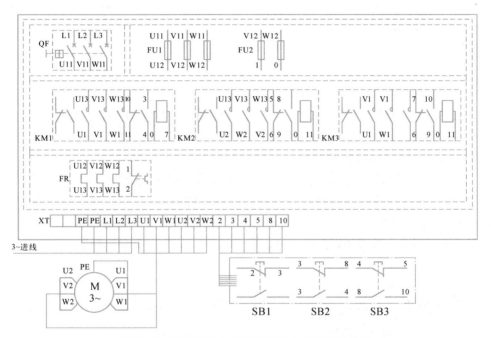

图 3-5 双速电动机按钮控制线路的安装接线图

(3) 双速异步电动机控制线路的调试

① 检查线路　检查前要认真阅读电路图,掌握电路的组成、工作原理及接线方式;在检修故障的过程中,故障分析、排除故障的思路和方法要正确;仪表使用要正确,以防止引起错误判断;检修时不能随意更改线路和带电触摸电器元件;带电检修故障时,必须要有指导老师在现场监护,并要确保用电安全。

检查主电路,取下 FU2 熔体,装好 FU1 熔体,断开控制电路。

检查三角形接法低速运行主电路:按下接触器 KM1 衔铁,用万用表分别测量空气开关 QF 下端 U11~V11、U11~W11、V11~W11 之间的电阻值,应分别为电动机 U1~V1、U1~W1、V1~W1 相绕组的电阻值,松开接触器 KM1 的衔铁,万用表显示由通到断。

检查双星形接法高速运行主电路:按下接触器 KM2 的衔铁,用万用表分别测量开关 QF 下端 U11~V11、U11~W11、V11~W11 之间的电阻值,应分别为电动机 V2~W2、U2~W2、U2~V2 相绕组的电阻值,松开接触器 KM2 的衔铁,万用表显示由通到断。

检查控制电路　取下 FU1 熔体,装好 FU2 熔体,将万用表表笔分别接到 QF 下端 V12、W12 上作下列检查。

检查三角形接法低速运行控制电路:按下低速运行启动按钮 SB2,测出接触器 KM1 线圈电阻值,松开 SB2,测得结果为断路。按下接触器 KM1 的衔铁,测出 KM1 线圈电阻值,松开接触器 KM1 的衔铁,测得结果为断路。

检查YY接法高速运行控制电路:按下高速运行启动按钮 SB3,测出接触器 KM2、KM3 线圈电阻值(并联值),松开 SB3,测得结果为断路。按下接触器 KM2、KM3 的衔铁,测出 KM2、KM3 线圈电阻值,松开接触器 KM2、KM3 的衔铁,测得结果为断路。

检查互锁电路 按下 SB2,测出接触器 KM1 线圈电阻值的同时,按下接触器 KM2 或 KM3 的衔铁使其常闭触点分断,万用表显示电路由通到断;按下 SB3,测出接触器 KM2 和 KM3 线圈电阻值的同时,按下接触器 KM1 的衔铁使其常闭触点分断,万用表显示电路由通到断。

② 通电试车 检查三相电源,将热继电器按电动机的额定电流整定好,在一人操作一人监护下进行试车。

空操作试验 首先拆除电动机定子绕组的接线,合上开关 QF,按下低速运行启动按钮 SB2 后松开,接触器 KM1 应通电动作,并保持吸合状态。按下高速运行启动按钮 SB3,接触器 KM1 应立即释放,接触器 KM2 和 KM3 应通电动作,并保持吸合状态。按下停车按钮 SB1,KM2 和 KM3 应立即断电释放。重复操作几次检查线路动作的可靠性。

带负载试验 首先断开电源,接上电动机定子绕组,合上 QF,按下低速起动按钮 SB2,观察电动机起动运行情况,此时电动机低速起动运行,按下高速起动按钮 SB3,观察电动机从低速起动运行切换到高速运行。按下停车按钮 SB1,电动机停车。

四、理论知识

问题 1:双速电动机是如何改变速度的?
问题 2:双速电动机的两种连接方式有什么不同?

1. 三相笼型异步电动机电气调速方法

三相异步电动机的转速表达式为

$$n = n_0(1-s) = \frac{60f_1}{p}(1-s) \tag{3-1}$$

式中:n_0 为电动机同步转速,p 为磁极对数,f_1 为供电电源频率,s 为转差率。

可见,对三相异步电动机来讲,调速的方法有三种:改变磁极对数 p 的变极调速、改变转差率 s 调速和改变电动机供电电源频率 f 的变频调速。

多速电动机就是通过改变磁极对数 p 来实现调速的,通常采用改变定子绕组的接法来改变磁极对数。若绕组改变一次磁极对数,可获得两个转速,称为双速电动机;改变两次极对数,可获得三个转速,称为三速电动机。同理有四速、五速电动机,但要受定子结构及绕组接线的限制。当定子绕组的磁极对数改变后,转子绕组必须相应地改变。由于笼型异步电动机的转子无固定的磁极对数,能随着定子绕组磁极对数的变化而变化,故变极调速只适用于笼型异步电动机。

2. 变极调速原理

当定子绕组的磁极对数改变后,转子绕组必须相应地改变。由于笼型感应电动机的转子无固定的极对数,能随着定子绕组极对数的变化而变化,故变极调速仅适用于笼型电动机。

下面以双速电动机为例,说明用改变定子绕组接法来实现改变磁极对数的原理。由于三相绕组接法是相同的。我们只分析其中的一相绕组。

图3-6所示为4/2极双速电动机的 U 相绕组,在制造时即分为两个相同的半相绕组U1-U1′和U2-U2′。

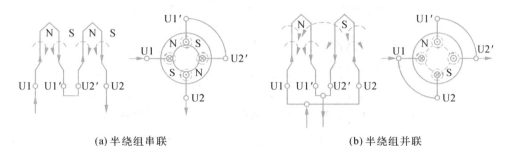

(a) 半绕组串联   (b) 半绕组并联

图3-6 笼型电动机变极原理

在图3-6(a)中,两个半绕组串联,电流由 U1 流入,经 U1′、U2′,由 U2 流出,应用右手螺旋定则可以判定,这时绕组产生的磁极为四极,磁极对数 $p = 2$。

如果将两个半绕组并联起来,如图3-6(b)所示,则电流由 U1、U2 流进,由 U1′、U2′流出,由于第二个半绕组电流反向,产生的磁极为二极,磁极对数 $p = 1$。

由此可见,两个半绕组串联时,绕组的磁极对数是并联时的一倍,而电动机的转速是并联时的一半,即:串联时为低速,并联时为高速。

3. 双速电动机连接方式的适用情况

由于 D/YY 连接,虽转速提高一倍,但功率提高不多,属恒功率调速(调速时,电动机输出功率不变),适用于金属切削机床。而Y/YY连接,属恒转矩调速(调速时,电动机输出转矩不变),适用于起重机、电梯、皮带运输机等。

五、拓展知识

上述提到的三种调速方法中,变转差率调速可通过改变定子电压、改变转子电路电阻以及串级调速来实现。

改变转子外加电阻的调速方法,只能适用于绕线式异步电动机。串入转子电路的电阻不同,电动机工作在不同的人为特性上,从而获得不同的转速,达到调速的目的。尽管这种调速方法把一部分电能消耗在电阻上,降低了电动机的效率,但是由于该方法简单,便于操作,所以目前在吊车、起重机一类生产机械上仍被普遍地采用。

图3-7是用凸轮控制器来控制电动机正反转与调速的电路,利用控制器来接通接触器线圈,再用相应接触器的主触点来实现电动机的正反转与短接转子电阻来实现电动机的调速的目的。图中 KM 为线路接触器,KI 为过电流继电器,SQ1、SQ2 分别为向前、向

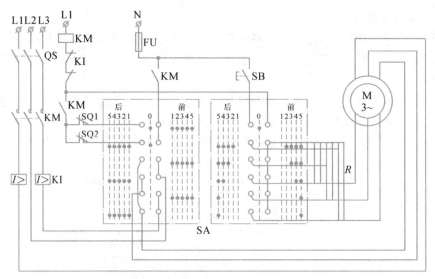

图 3-7　凸轮控制器实现绕线转子异步电动机的调速控制线路

后限位开关,SA 为凸轮控制器。控制器左右各有 5 个工作位置,中间为零位,其上有 9 对常开触点,3 对常闭触点。其中 4 对常开触点接于电动机定子电路进行换相控制,用以实现电动机正反转,转子电阻采用不对称接法。其余 3 对常闭触点,其中 1 对用以实现零位保护,即控制器手柄必须置于"0"位,才可起动电动机,另外 2 对常闭触点与 SQ1 和 SQ2限位开关串联实现限位保护。电路的工作原理请读者自行分析。

六、练习

1. 分析图 3-8 所示电路的工作原理。

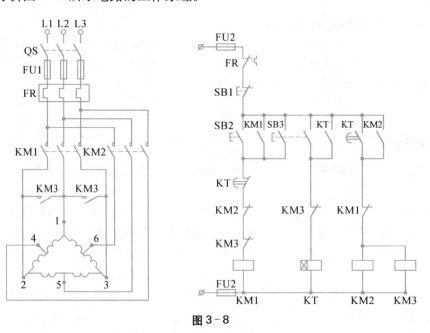

图 3-8

2. 按图 3-1 安装接线时,按钮盒到接线端子最少可以有 5 根出线,那么应对控制电路如何调整?

3. 图 3-2 中,电动机高速运行时能否使 KT 线圈断电? 如能,控制电路应作如何改进?

4. 用列表形式写出图 3-7 中凸轮控制器 12 对触点的通断情况。

自 测 题 三

一、选择题

1. 三相异步电动机电气调速的方法有（　　）种。

A．2　　　　　　　　B．3　　　　　　　　C．4　　　　　　　　D．5

2. 三相异步电动机变极调速的方法一般只适用于（　　）。

A．笼型异步电动机　　　　　　　　B．绕线转子异步电动机

C．同步电动机　　　　　　　　　　D．滑差电动机

3. 双速电动机的调速属于（　　）调速方法。

A．变频　　　　　B．改变转差率　　　　C．改变磁极对数　　　　D．降低电压

4. 定子绕组三角形联接的4级电动机，接成YY后，磁极对数为（　　）。

A．1　　　　　　　　B．2　　　　　　　　C．4　　　　　　　　D．5

5. 4/2极双速异步电动机的出线端分别为U1、V1、W1，和U2、V2、W2，当它为4极时，与电源的接线为U1-L1、V1-L2、W1-L3。当它为2极时，为了保证电动机的转向不变，则接线应为（　　）。

A．U2-L1、V2-L2、W2-L3

B．U2-L3、V2-L2、W2-L1

C．U2-L2、V2-L3、W2-L1

D．U2-L3、V2-L1、W2-L2

二、判断题

1. 三相异步电动机的变极调速属于有级调速。（　　）

2. 变频调速只适用于三相笼型异步电动机调速。（　　）

3. 只要在绕线转子异步电动机转子电路中接入调速电阻，通过改变电阻大小，就可平滑调速。（　　）

4. 绕线转子异步电动机转子电路中接入电阻调速，属于变转差率调速方法。（　　）

5. 改变定子电压调速只适用于三相笼型异步电动机调速。（　　）

项目四
直流电动机电气控制线路分析

XMS

直流电动机虽然比三相交流异步电动机结构复杂,维修也不便,但由于它的调速性能较好,起动转矩较大,因此,对调速要求较高的生产机械或者需要较大起动转矩的生产机械往往采用直流电动机驱动,如轧钢机、电气机车、中大型龙门刨床、矿山竖井提升机、起重设备等调速范围大的大型设备,以及用蓄电池作电源的地方,如汽车、拖拉机等。但直流电动机也有它显著的缺点:一是制造工艺复杂,消耗有色金属较多,生产成本高;二是直流电动机在运行时由于电刷与换向器之间易产生火花,因而运行可靠性较差,维护比较困难,所以在一些领域中已被交流变频调速系统所取代。但是直流电动机的应用目前仍占有较大的比重。

本项目主要介绍直流电动机的起动、正反转、调速和制动控制的方法和特点以及控制电路的工作原理。

一、教学目标

1. 了解直流电动机励磁方式、起动方法和特点;
2. 知道直流电动机实现正反转、电气制动和调速的常用方法;
3. 学会分析直流电动机起动、正反转、电气制动和调速控制线路的工作原理。

 二、工作任务

1. 分析他励直流电动机电枢回路串电阻起动控制线路的工作原理;
2. 分析他励直流电动机正反转控制线路的工作原理;
3. 分析他励直流电动机的能耗制动和调速控制线路的工作原理。
4. 分析并励直流电动机改变磁通调速控制线路的工作原理。

 三、能力训练

1. 他励直流电动机电枢回路串电阻起动控制线路分析

图 4-1 为他励直流电动机电枢回路串两级电阻、按时间原则起动的控制线路。图中 KM1 为线路接触器,KM2、KM3 为短接起动电阻接触器,KI1 为过电流继电器,KI2 为欠

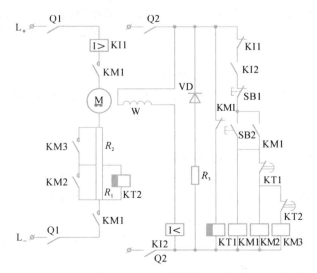

图 4-1 他励直流电动机电枢回路串电阻起动控制线路

电流继电器,KT1、KT2 为断电延时型时间继电器,R_3 为放电电阻。

(1) 电路工作原理 合上电枢电源开关 Q1 和励磁与控制电路电源开关 Q2,励磁回路通电,KI2 线圈通电吸合,其常开触点闭合,为起动作好准备;同时,KT1 线圈通电,其常闭触点断开,切断 KM2、KM3 线圈电路,保证串入 R_1、R_2 起动。

按下起动按钮 SB2,KM1 线圈通电并自锁,主触点闭合,接通电动机电枢回路,电枢串入两级起动电阻起动;同时 KM1 辅助常闭触点断开,KT1 线圈断电,为延时使 KM2、KM3 线圈通电后短接 R_1、R_2 做准备。在串入 R_1、R_2 起动同时,并接在 R_1 电阻两端的 KT2 线圈通电,其常闭触点立即断开,使 KM3 不能通电,确保 R_2 电阻串入起动。

经一段时间延时后,KT1 延时闭合触点闭合,KM2 线圈通电吸合,主触点短接电阻 R_1,电动机转速升高,电枢电流减少。就在 R_1 被短接的同时,KT2 线圈断电释放,再经一定时间的延时,KT2 延时闭合触点闭合,KM3 线圈通电吸合,KM3 主触点闭合短接电阻 R_2,电动机在额定电枢电压下运转,起动过程结束。

电路工作原理用流程法分析如下:

主电路分析:合上 Q1,当 KM1 主触点闭合时,M 串 R1、R2 减压起动;当 KM2 主触点闭合时,短接起动电阻 R1;当 KM3 主触点闭合时,短接起动电阻 R2。即当 KM1、KM2、KM3 主触点闭合时,电动机全压运行。

控制电路分析:合上 Q2,KI2$^+$→KI2 常开触点闭合,为起动作准备;KT1$^+$→KT1 延时常闭触点断开→KM2、KM3 线圈不能得电→保证起动时串入 R1、R2。

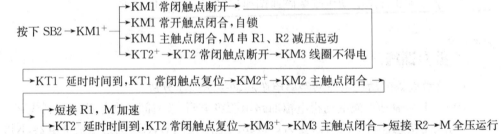

(2) 电路保护环节 过电流继电器 KI1 实现电动机过载和短路保护;欠电流继电器 KI2 实现电动机弱磁保护;电阻 R_3 与二极管 VD 构成励磁绕组的放电回路,实现过电压保护。

(3) 线路特点 他励、并励直流电动机起动控制的特点是在接入电枢电压前,应先接入额定励磁电压,而且在励磁回路中应有弱磁保护,避免在运行过程中弱磁或失磁时会产生"飞车"现象。

2. 他励直流电动机正反转控制线路分析

图 4-2 为改变直流电动机电枢电压极性实现电动机正反转的控制电路。图中 KM1、KM2 为正、反转接触器,KM3、KM4 为短接电枢电阻接触器,KT1、KT2 为时间继电器,R_1、R_2 为起动电阻,R_3 为放电电阻,SQ1 为反向转正向行程开关,SQ2 为正向转反向行程开关。起动时电路工作情况与图 4-1 电路相同,但起动后电动机将按行程原则实现正反转,拖动运动部件实现自动往返运动。

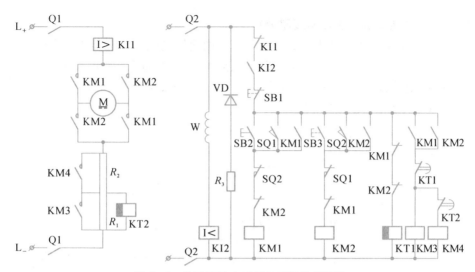

图 4-2 他励直流电动机正反转控制线路

3. 他励直流电动机能耗制动控制线路分析

图 4-3 为他励直流电动机单向运转能耗制动控制线路。图中 KM1、KM2、KM3、KI1、KI2、KT1、KT2 的作用与图 4-1 中相同,KM4 为制动接触器,KV 为欠电压继电器。

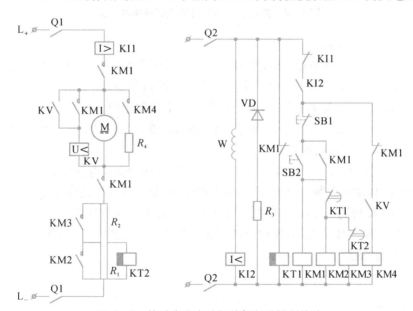

图 4-3 他励直流电动机能耗制动控制线路

电动机电枢回路串两级电阻起动时电路工作原理与图 4-1 相同,不再重复。

停车时,按下停止按钮 SB1,KM1 线圈断电释放,其主触点断开电动机电枢电源,电动机以惯性旋转。由于此时电动机转速较高,电枢两端仍建立足够大的感应电动势,使并联在电枢两端的电压继电器 KV 经自锁触点仍保持通电吸合状态,KV 常开触点仍闭合,使 KM4 线圈通电吸合,其常开主触点将电阻 R_4 并联在电枢两端,电动机实现能耗制动,使转速迅速下降,电枢感应电动势也随之下降,当降至一定值时电压继电器 KV 释放,KM4 线圈断电,电动机能耗制动结束,电动机自然停车至零。

4. 并励直流电动机调速控制线路分析

图4-4为并励直流电动机改变励磁电流的调速控制电路。电动机的直流电源采用两相零式整流电路,电阻 R 兼有起动和制动限流的作用,电阻 R_{RF} 为调速电阻,电阻 R_2 用于吸收励磁绕组的自感电动势,起过电压保护作用。KM1 为能耗制动接触器,KM2 为运行接触器,KM3 为切除起动电阻接触器。

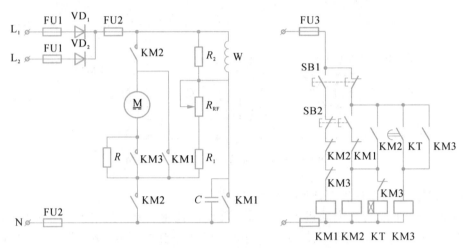

图4-4 并励直流电动机调磁调速控制线路

电路工作原理分析如下:

(1) 起动 按下起动按钮 SB2,KM2 和 KT 线圈同时通电并自锁,电动机 M 电枢串入电阻 R 起动。经一段延时后,KT 通电延时闭合触点闭合,使 KM3 线圈通电并自锁,KM3 主触点闭合,短接起动电阻 R,电动机在全压下起动运行。

(2) 调速 在正常运行状态下,调节电阻 R_{RF},改变电动机励磁电流大小,从而改变电动机励磁磁通,实现电动机转速的改变。

(3) 停车及制动 在正常运行状态下,按下停止按钮 SB1,接触器 KM2 和 KM3 线圈同时断电释放,其主触点断开,切断电动机电枢电路;同时 KM1 线圈通电吸合,其主触点闭合,通过电阻 R 接通能耗制动电路,而 KM1 另一对常开触点闭合,短接电容器 C,使电源电压全部加在励磁线圈两端,实现能耗制动过程中的强励磁作用,加强制动效果。松开停止按钮 SB1,制动结束。

四、理论知识

问题1:直流电动机能不能直接起动? 正反转的实现与三相交流异步电动机的正反转实现有什么不同?

问题2:直流电动机突出的优点是在很大范围内具有连续平稳的调速性能,那么其有哪几种常用的调速方法? 又各有什么特点?

1. 直流电动机的主要结构

直流电动机主要由定子与转子(电枢)两大部分组成,定子部分包括机座、主磁极、换向极、端盖、电刷等装置；转子部分包括电枢铁心、电枢绕组、换向器、转轴、风扇等部件。如图 4-5 所示。

静止的部分称为定子，其作用是产生磁场和作为电机的机械支撑，包括机座、主磁极、换向极、端盖、轴承、电刷装置等。旋转部分称为转子或电枢，其作用是感应电动势实现能量转换，包括电枢铁心、电枢绕组、换向器、轴和风扇等。

主磁极的作用是建立主磁场，由主磁极铁心和主磁极绕组组成。主磁极铁心采用 1—1.5 mm 的低碳钢板冲压成一定形状叠装固定而成。主磁极上装有励磁绕组，整个主磁极用螺杆固定在机座上。主磁极的个

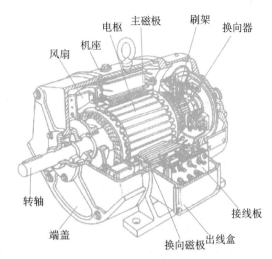

图 4-5　常见直流电动机结构示意图

数一定是偶数，励磁绕组的连接必须使得相邻主磁极的极性按 N 极、S 极交替出现。

电枢绕组由一定数目的电枢线圈按一定的规律连接组成，是直流电动机的电路部分，也是感应电动势，产生电磁转矩进行能量转换的部分。

直流电动机按其励磁绕组与电枢绕组的连接方式（励磁方式）的不同分为串励、并励、复励和他励四种，其控制线路基本相同。

2. 直流电动机的起动

直流电动机起动控制的要求与交流电动机类似，即在保证足够大的起动转矩下，尽可能减小起动电流，再考虑其他要求。

直流电动机起动特点之一是起动冲击电流大，可达额定电流的 10—20 倍。这样大的电流可能导致电动机换向器和电枢绕组的损坏，同时对电源也是沉重的负担。大电流产生的转矩和加速度对机械部件也将产生强烈的冲击，在选择起动方案时必须予以充分考虑，一般不允许直接起动，为此在电枢回路中串入电阻起动。

他励、并励直流电动机起动控制的另一个特点是需在施加电枢电压前，先接上额定的励磁电压（至少是同时）。这样做一是为了保证起动过程中产生足够大的反电动势，以减小起动电流；二是为了保证产生足够大的起动转矩，加速起动过程；三是为了避免空载飞车事故。

3. 直流电动机的正反转

直流电动机的转向取决于电磁转矩的方向，因此改变直流电动机转向有两种方法，即电动机的励磁绕组端电压的极性不变，改变电枢绕组端电压的极性，或者电枢绕组两端电压极性不变，改变励磁绕组端电压的极性。但当两者的电压极性同时改变时，则电动机的旋转方向维持不变。

4. 直流电动机的调速

直流电动机的突出优点是能在很大的范围内具有连续、平稳的调速性能。直流电动机转速调节主要有以下四种方法：

（1）改变电枢回路电阻值调速　这种调速方法的特点是线路简单,但是当改变串接在电枢回路中的调速电阻时,电动机的理想空载转速 n_0 不变。调速电阻越大,电动机的转速降落越大,工作转速就越低,特性变得很软,这就限制了调速范围。同时,它只能在额定转速以下调速,且调节电阻要消耗能量,因此这种调速方法适用于要求不高的小功率拖动系统中。

（2）改变励磁电流调速　通常直流电动机的额定励磁接近磁化曲线的饱和点,故磁通难以再增加,因而一般只能用减弱励磁来提高电动机的转速。

（3）改变电枢电压调速　改变电枢电压调速时,一般只能从额定电压向下调节,转速常受静差率的限制而不能太低。这种调速方式,电动机的励磁保持为额定励磁,电流为额定电流时,则允许的负载转矩不变,所以适用于恒转矩负载。

（4）混合调速　当对直流电动机的电枢电压及励磁电流都进行调节而调速时,通常称为调压调磁的调速方法,即混合调速。这种调速方法得到的调速范围更大,电动机容量能得到充分的利用,适用于调速范围要求广的负载。

5. 直流电动机的制动

与交流电动机类似,直流电动机的电气制动方法有能耗制动、反接制动和再生发电制动等几种方式。

（1）能耗制动　在电动机具有较高转速时,切断其电枢电源而保持其励磁为额定状态不变,这时电动机因惯性而继续旋转,成为直流发电机。如果用一个电阻 R 使电枢回路成为闭路,则在此回路中产生电流和制动转矩,可使拖动系统的动能转化成电能并在转子回路电阻中以发热形式消耗掉。故此种制动方式称为能耗制动。

（2）反接制动　反接制动是在保持励磁为额定状态不变的情况下,将反极性的电源接到电枢绕组上,从而产生制动转矩,迫使电动机迅速停止的一种制动方式。

（3）再生发电制动　该制动方式存在于重物下降的过程中,如吊车下放重物或电力机车下坡时发生。此时电枢及励磁电源处于某一定值,电动机转速超过了理想空载转速,电枢的反电动势也将大于电枢的供电电压,电枢电流反向,产生制动转矩,使电动机转速限制在一个高于理想空载转速的稳定转速上,而不会无限增加。

五、拓展知识

直流电动机的保护是为了保证电动机正常运转,防止电动机或机械设备损坏、保护人身安全,因此是电气控制系统中不可缺少的组成部分,它包括短路保护、过压和失压保护、过载保护、限速保护、励磁保护等。

1. 直流电动机的过载保护

直流电动机在起动、制动和短时过载时的电流会很大,应将其电流限制在允许过载的范围内。直流电动机的过载保护一般是利用过电流继电器来实现的,如图 4-6 所示。

电枢电路串联过电流继电器 KI2。电动机负载正常时,过电流继电器中通过的电枢电流正常,KI2 不动作,其常闭触点保持闭合状态,控制电路能够正常工作。一旦发生过载情况,电枢电路的电流会增大,当其值超过 KI2 的整定值时,过电流继电器 KI2 动作,其常闭触点断开,切断控制电路,使直流电动机脱离电源,起到过载保护的作用。

2. 直流电动机的励磁保护

直流电动机在正常运转状态下,如果励磁电路的电压下降较多或突然断电,会引起电动机的速度急剧上升,出现飞车现象。一旦发生飞车现象,会严重损坏电动机或机械设备。直流电动机采用欠电流继电器来防止失去励磁或削弱励磁,如图 4-6 所示。

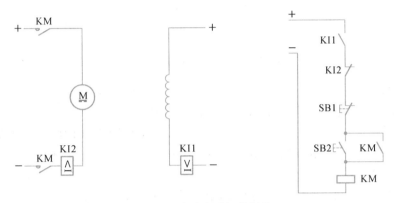

图 4-6　直流电动机的保护

图中励磁电路串联欠电流继电器 KI1。当励磁电流正常时,欠电流继电器吸合,其常开触点闭合,控制电路能够正常工作;当励磁电流减小或为零时,欠电流继电器因电流过低而释放,其常开触点恢复断开状态,切断控制电路,使电动机脱离电源,起到弱磁保护作用。

六、练习

1. 直流电动机与交流电动机的起动方法有什么不同的特点?
2. 分析图 4-3 所示电路的工作原理。
3. 分析图 4-7 所示电路的工作原理。

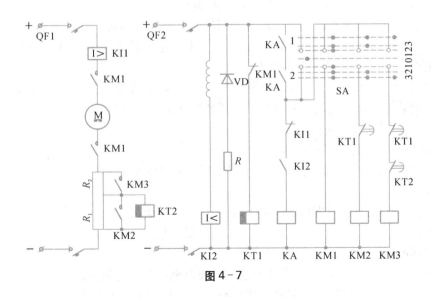

图 4-7

自 测 题 四

一、选择题

1. 直流电动机除极小容量外,不允许(　　)起动。

A. 减压　　　　　　　B. 全压　　　　　　　C. 电枢回路串电阻　D. 降低电枢电压

2. 直流电动机全压起动时,起动电流很大,是额定电流的(　　)倍。

A. 4—7　　　　　　　B. 5—6　　　　　　　C. 10—20　　　　　D. 2—2.5

3. 为使直流电动机的旋转方向发生改变,应将电枢电流(　　)。

A. 增大　　　　　　　B. 减小　　　　　　　C. 不变　　　　　　　D. 反向

4. 在他励直流电动机电气控制线路中,励磁回路中接入的电流继电器应是(　　)。

A. 欠电流继电器,应将其动断触点接入控制电路

B. 欠电流继电器,应将其动合触点接入控制电路

C. 过电流继电器,应将其动断触点接入控制电路

D. 过电流继电器,应将其动合触点接入控制电路

5. 在他励直流电动机电气控制线路中,电枢回路中接入的电流继电器应是(　　)。

A. 欠电流继电器,应将其动断触点接入控制电路

B. 欠电流继电器,应将其动合触点接入控制电路

C. 过电流继电器,应将其动断触点接入控制电路

D. 过电流继电器,应将其动合触点接入控制电路

6. 将直流电动机电枢的动能变成电能消耗在电阻上,称为(　　)。

A. 反接制动　　　　　B. 回馈制动　　　　　C. 能耗制动　　　　　D. 机械制动

7. 能耗制动时,直流电动机处于(　　)。

A. 发电状态　　　　　B. 电动状态　　　　　C. 短路状态　　　　　D. 不确定

8. 他励直流电动机起动控制电路中设置弱磁保护的目的是(　　)。

A. 防止电动机起动电流过大

B. 防止电动机起动转矩过小

C. 防止停机时过大的自感电动势引起励磁绕组的绝缘击穿

D. 防止飞车

9. 直流电动机电枢回路调磁调速时,转速(　　)铭牌转速。

A. 低于　　　　　　　B. 高于　　　　　　　C. 等于　　　　　　　D. 不确定

二、判断题

1. 直流电动机起动时,常用降低电枢电压或电枢回路串电阻两种方法。(　　)

2. 他励直流电动机反转控制可采用电枢反接,即保持励磁磁场方向不变,改变电枢电流方向。(　　)

3. 直流电动机的弱磁保护采用的电器元件是过电流继电器。(   )

4. 直流电动机电枢回路串电阻调速时,当电枢回路电阻增大,其转速增大。(   )

5. 直流电动机进行能耗制动时,必须切断所有电源。(   )

6. 直流电动机的弱磁保护是利用欠电流继电器的常闭触点串在控制电路中来实现的。(   )

7. 直流电动机调压调速时,转速只能从额定转速往下调。(   )

项目五

典型机床电气控制线路分析

在实际工业应用中,电气控制设备种类繁多,其控制方式和控制电路也各不相同,但电气控制电路的分析与故障检查的方法基本相同。

本项目通过几个典型机床设备电气控制电路的分析,培养识读机床电气图的能力,掌握电路故障检修的常用方法,为电气控制系统的设计、安装、调试和维护打下基础。

一、教学目标

1. 能识读典型机床电气控制线路图;
2. 能熟练分析典型机床电气控制线路的工作原理;
3. 会根据故障现象,分析故障原因和故障范围,并能使用万用表检查、排除电气设备的常见故障。

二、工作任务

1. 分析电动葫芦电气控制线路的工作原理,使用万用表排除其常见电气故障;
2. 分析 C6140T 车床电气控制线路的工作原理,使用万用表排除其常见电气故障;
3. 分析 X6132 铣床电气控制线路的工作原理,使用万用表排除其常见电气故障。

模块一 电动葫芦电气控制线路分析

一、教学目标

1. 了解电动葫芦的结构与使用特点；
2. 能分析电动葫芦电气控制线路的工作原理；
3. 初步学会对电动葫芦常见故障的分析与处理。

二、工作任务

分析如图5-1-1所示电动葫芦电气控制线路的工作原理。

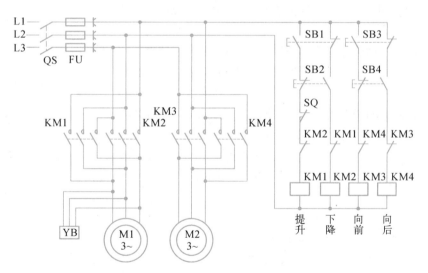

图5-1-1 电动葫芦的电气控制线路

三、能力训练

1. 电动葫芦电气控制线路分析

起重运输设备种类很多，电动葫芦是将电动机、减速器、卷筒、制动装置和运行小车等紧凑地合为一体的起重设备。它由两台电动机分别拖动提升和移动机构，具有重量较小、结构简单、成本低廉和使用方便的特点，主要用于厂矿企业的修理与安装工作。

电动葫芦的控制线路如图5-1-1所示。电源由电网经刀开关QS、熔断器FU和滑触线（或软电缆）供给主电路和控制电路。

（1）主电路分析

主电路有两台电动机 M1、M2。其中 M1 是提升电动机,用接触器 KM1、KM2 控制它的正反转,用于提起和放下重物;M2 是移动电动机,用 KM3、KM4 控制它的正反转,用于使电动葫芦前后移动。

YB 是三相断电型电磁制动器,由制动电磁铁和闸瓦制动器两部分组成。当制动电磁铁线圈通电后,它的闸瓦与闸轮分开,电动机可以转动;当制动电磁铁线圈断电后,在弹簧的作用下,闸瓦与闸轮压紧,实现电动葫芦的停车制动。

熔断器 FU 用于整个电路的短路保护。

（2）控制电路分析

SB1 是电动葫芦提升重物的点动控制按钮,SB2 是电动葫芦放下重物的点动控制按钮,SB3 是电动葫芦向前移动的点动控制按钮,SB4 是电动葫芦向后移动的点动控制按钮。SQ 为限位行程开关,当电动葫芦提升物体上升到极限位置时,行程开关 SQ 被压下,KM1 线圈断电,电动葫芦停止上升。

工作时,合上电源开关 QS,按下按钮 SB1,接触器 KM1 线圈的得电通路为:L1→QS→FU→SB1 常开触点(已闭合)→SB2 常闭触点→SQ 常闭触点→KM2 常闭触点→KM1 线圈→FU→QS→L2,电动机 M1 正转,提起重物;松开按钮 SB1,由于没有采用自锁措施,接触器 KM1 线圈失电,M1 制动停车,停止提升;如果按下按钮 SB2,则接触器 KM2 线圈得电,电动机 M1 反转,物体被放下,松开按钮 SB2,KM1 线圈失电,M1 制动停车,物体停止向下运动。

如果在提升物体过程中,物体被提至极限位置而没有及时松开按钮 SB1 时,行程开关 SQ 被压下,SQ1 常闭触点断开,KM1 失电,物体不再被提升,实现了电动葫芦的上限保护。

如果要使电动葫芦前后移动,则按下按钮 SB3 或 SB4,接触器 KM3 或 KM4 线圈得电,便可以实现电动葫芦的前后移动。

SB1—SB4 为复合按钮,与接触器 KM1—KM4 的常闭触点共同构成控制电路的电气与机械双重互锁,用以防止接触器 KM1 和 KM2、KM3 和 KM4 同时通电,从而避免主电路短路事故的发生。

2. 电动葫芦的常见故障与处理

如电动葫芦不能正常工作,则应对电路进行分析,排除故障。例如电动葫芦提升物体操作正常,但不能将物体放下。

从电动葫芦的控制电路中可以看出,提起物体操作正常,说明提升电动机 M1 和电磁制动器 YB 的主电路工作正常,问题应出在放下物体操作的控制线路部分。从主电路中可以看出,接触器 KM2 的主触点如果能正常闭合,则此故障便被排除,而 KM2 的得电通路为:

L1→电源开关 QS→熔断器 FU→SB1 常闭触点→SB2 常开触点(已闭合)→KM1 常闭触点→KM2 线圈→熔断器 FU→L2

如果按下按钮 SB2 后,接触器 KM2 得电动作,但提升电动机 M1 不转,说明故障点为接触器 KM2 的主触点接触不良;如果按下 SB2,KM2 不动作,则故障点为在 SB1 常闭触点—KM2 线圈之间的通路中有断点,此时,逐个检查其中的元器件,便可找出故障。

电动葫芦的常见故障与处理见表 5－1－1。

表 5－1－1　电动葫芦的常见故障与处理

故障现象	产生原因	处理方法
接触器不动作	1. 线路无电压 2. 控制电路熔断器烧断 3. 线圈断线或接触不良	1. 找出上一级电源的问题，并排除 2. 找出原因，并更换熔断器 3. 更换线圈或排除不良接触
电动机不动作，并有较大声响	1. 电源电压低，摩擦片脱不开 2. 电源有缺相 3. 锥形电动机动、静摩擦片锈蚀粘连脱不开 4. 转子轴向窜动量调整不好，通电后脱不开制动	1. 适当调整电源电压 2. 检查电源，排除缺相故障 3. 拆下风扇罩及制动轮，消除后端盖锈蚀或更换制动环 4. 调节锁紧螺母，使窜动量为1.5—3 mm
电动机转速明显降低，且电流超过额定电流值	1. 转子轴向窜动量没有调节好，不能完全脱开 2. 电动机绕组有故障	1. 调节锁紧螺母 2. 修理电动机
制动失灵或滑行距离超标	1. 制动装置太松 2. 制动器上有油污或磨损过量	1. 适当调节锁紧螺母的位置 2. 清除油污、灰尘或更换制动环
电动葫芦外壳带电	1. 如电动葫芦对地绝缘电阻为零，说明电动机或电器元件的绝缘有损坏 2. 如电动葫芦对地绝缘电阻为0.5 MΩ，说明电动机或电器元件的绝缘没有损坏，可能是电磁感应或其他原因引起的	1. 逐级断开，找出接地点，并以适当方式加强绝缘 2. 使运行轨道及全部不带电的金属部分可靠接地

四、理论知识

1. 电动葫芦的结构认识

电动葫芦是一种起重重量较小、结构简单的起重机械，广泛应用于工矿企业中进行小型设备的吊运、安装和修理工作。由于其体积小，占用厂房面积较少，使用起来灵活方便。

我国自行联合设计的 CD 型钢丝绳电动葫芦外形如图 5－1－2 所示。它由提升机构和移动装置构成，提升机构用锥形电动机拖动，移动装置用普通笼形异步电动机拖动。

钢丝卷筒 1 由电动机 2 经过减速箱 3 拖动，主传动轴和电磁制动器 4 的圆盘相联接。电动葫芦借用导轮的作用在工字钢梁上来回移动，导轮则由电动机 5 经减速箱带动。提升机构设有电磁制动器，电动葫芦可用撞块和行程开关进行向前、向后、向上的终端保护。

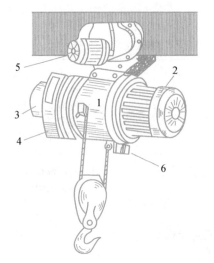

1—钢丝卷筒
2—锥形电动机
3—减速箱
4—电磁制动器
5—移动电动机
6—限位开关

图 5-1-2　电动葫芦外形图

2. 电磁制动器认识

制动器一般由专门的电磁铁来操纵,这种电磁铁称为制动电磁铁。制动器与制动电磁铁的工作原理是:电磁铁的线圈一般与电动机的定子绕组并联,在电动机接通电源的同时,电磁铁线圈也通电,其衔铁被吸引,利用电磁力把制动闸松开,电动机可以自由转动;当电动机被切断电源时,电磁铁的线圈也断电,其衔铁释放,制动闸在弹簧的作用下,抱紧装在电动机轴上的制动轮,获得快速而准确的停车。

电磁铁使用三相交流电源,制动力矩较大,工作平稳可靠,制动时无自振。电磁铁线圈连接方式与电动机定子绕组连接方式相同,有三角形连接和星形连接两种。

五、拓展知识

1. 梁式起重机

将 CD 型电动葫芦安装于可沿厂房左右移动的轨道上,便称为电动单梁起重机。单梁起重机起吊重物时,除有上下、前后运动外,还能左右移动,即共有六个运动方向。左右移动可采用鼠笼式或绕线式异步电动机拖动。梁式起重机采用悬式按钮站操作或在驾驶室中集中控制,CD 型电动单梁起重机的电气线路与图 5-1-1 线路相似,只是多了左右移动。目前生产的 CD 型钢丝绳电动葫芦的起重量分别为 0.5 t、2 t、3 t 和 5 t,该系列产品均采用 ZZ 型锥形转子电动机,即转子与定子呈锥形,其结构如图 5-1-3 所示。

当定子通电后,产生磁场,磁力线垂直于转子表面,于是产生一个轴向分力,使转子 3 克服弹簧 4 的弹力,向锥形小端方向轴向移动,转子被吸进定子,并使锥形制动圈 7 脱离后盖,转子旋转;当电机断电时,轴向磁拉力消失,在压力弹簧作用下,制动圈紧刹于后盖上,实现转子停车制动。

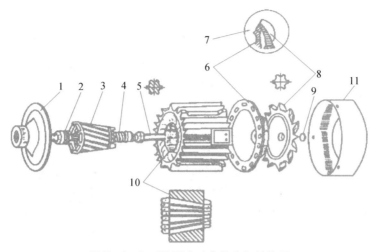

图 5 - 1 - 3　CD型电动葫芦电机结构图

1—前端盖　2—平面轴承　3—锥形转子　4—压力弹簧　5—花键轴
6—后端盖　7—锥形制动圈　8—风扇　9—调节螺母　10—锥形定子　11—风罩

六、练习

1. 分析电动葫芦电气控制线路中有哪些保护措施？
2. 为什么电动葫芦中的电动机都采用点动控制？

模块二 C6140T 普通车床电气控制线路分析

车床是一种应用极为广泛的金属切削机床,约占机床总数的 25%—50%。在各种车床中,应用最多的是普通车床。普通车床主要用来车削外圆、内圆、端面、螺纹和定型表面等,还可以安装钻头或铰刀等进行钻孔和铰孔等加工。

本模块要求识读 C6140T 普通车床电气控制原理图,运用万用表检测并排除 C6140T 普通车床电气控制电路的常见故障。

 一、教学目标

1. 了解分析机床电气控制线路的一般方法和步骤;

2. 能熟练分析 C6140T 普通车床电气控制线路的工作原理,熟悉车床电器元件的分布位置和走线情况;

3. 能根据故障现象,分析 C6140T 普通车床常见电气故障原因,确定故障范围;

4. 选择适当的故障检测方法,用万用表检测并排除 C6140T 普通车床电气控制电路的常见故障。

 二、工作任务

1. 分析图 5-2-1 所示的 C6140T 普通车床电气控制线路的工作原理;

2. 分析 C6140T 普通车床常见电气故障的原因,并使用电阻法或电压法检测和排除故障。

 三、能力训练

1. 车床的认识

(1) 车床的结构认识

车床是一种应用极为广泛的金属切削机床,主要用来车削外圆、内圆端面、螺纹和定型表面等。C6140T 普通车床主要由床身、主轴变速箱、进给箱、溜板与刀架、尾座、丝杠、光杠等几部分组成,其外形结构如图 5-2-2 所示。

(2) 车床的运动情况认识

车床的运动形式有主运动、进给运动、辅助运动。

车床的主运动为工件的旋转运动,它是由主轴通过卡盘或顶尖带动工件旋转,承受车削加工时的主要切削功率。车削加工时,应根据被加工工件材料、刀具种类、工件尺寸、工艺要求等选择不同的切削速度。其主轴正转速度有 24 种(10—1400 r/min),反转速度有 12 种(14—1 580 r/min)。

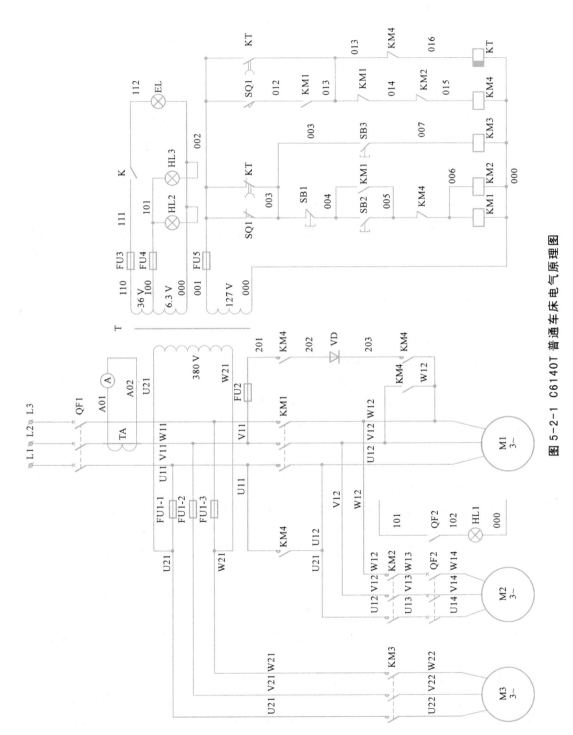

图 5-2-1 C6140T 普通车床电气原理图

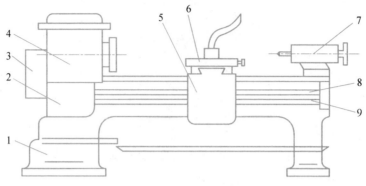

图 5 - 2 - 2　车床结构示意图

1—床身　2—进给箱　3—挂轮箱　4—主轴箱　5—溜板箱　6—溜板及刀架
7—尾座　8—丝杠　9—光杠

车床的进给运动是溜板带动刀架的纵向或横向直线运动。溜板箱把丝杠或光杠的转动传递给刀架部分,变换溜板箱外的手柄位置,经刀架部分使车刀做纵向或横向进给。

车床的辅助运动有刀架的快速移动、尾架的移动以及工件的夹紧与放松等。

2. C6140T普通车床电气控制线路分析

(1) 车床加工对控制线路要求分析

① 加工螺纹时,工件的旋转速度与刀具的进给速度应保持严格的比例,因此主运动和进给运动由同一台电动机拖动,一般采用笼型异步电动机。

② 工件材料、尺寸、加工工艺等不同,切削速度应不同,因此要求主轴的转速也不同,这里采用机械调速。

③ 车削螺纹时,要求主轴反转来退刀,因此要求主轴能正反转。车床主轴的旋转方向可通过机械手柄来控制。

④ 主轴电动机采用直接起动,为了缩短停车时间,主轴停车时采用能耗制动。

⑤ 车削加工时,由于刀具与工件温度高,所以需要冷却。为此,设有冷却泵电动机且要求冷却泵电动机应在主轴电动机起动后方可选择起动与否,当主轴电动机停止时,冷却泵电动机应立即停止。

⑥ 为实现溜板箱的快速移动,由单独的快速移动电动机拖动,采用点动控制。

⑦ 应配有安全照明电路和必要的联锁保护环节。

总结:C6140T普通车床由3台三相笼型异步电动机拖动,即主电动机 M1、冷却泵电动机 M2 和刀架快速移动电动机 M3。

(2) C6140T普通车床控制线路原理图分析

主电路分析　如图 5 - 2 - 1 所示,合上自动空气开关 QF1,将三相交流电源引入。主轴电动机 M1 由交流接触器 KM1 控制,实现直接起动。由交流接触器 KM4 和二极管 VD 组成单管能耗制动回路,实现快速停车。另外,通过电流互感器 TA 接入电流表监视加工过程中电动机的工作电流。

冷却泵电动机 M2 由 KM2 和自动空气开关 QF2 控制。刀架快速移动电动机 M3 由

122　— 项目五

交流接触器 KM3 控制,并由熔断器 FU1 实现短路保护。

控制电路分析　如图 5－2－3 所示,控制电路的电源由控制变压器 T 供给,分别是控制电路交流电压127 V,照明电路交流电压 36 V,指示灯电路交流电压 6.3 V。

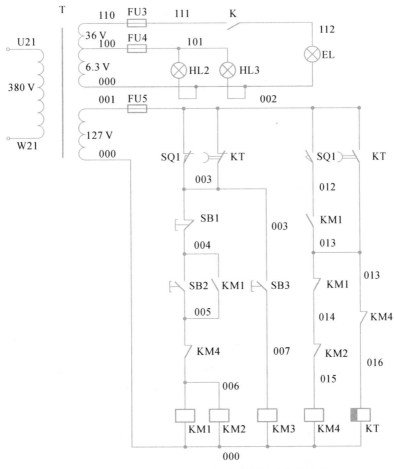

图 5－2－3　C6140T 普通车床控制线路的控制电路

① M1、M2 直接起动　合上 QF1→按下 SB2→KM1、KM2 线圈得电自锁→KM1 主触点闭合→M1 直接起动;

KM2 主触点闭合→合上 QF2→ M2 直接起动。

② M3 直接起动　合上 QF1→按下 SB3→KM3 线圈得电→ KM3 主触点闭合→M3 直接起动(点动)。

③ M1 能耗制动　合上 SQ1→SQ1(002—003)断开,SQ1(002—012)闭合→KT 线圈通过支路 002—012—013—016—000 得电→KT(002—003)断开,KM1、KM2 线圈失电,KT(002—013)闭合,KT 线圈得电自锁→KM4 线圈通过支路 002—013—014—015—000 得电→KM4 常开触点闭合,M1 通入直流电能耗制动,同时 KM4(013—016)断开,KT 线圈失电,延时 T 秒后,KT 触点复位,KT(002—013)断开,KM4 线圈失电,能耗制动结束。

照明电路分析　控制变压器 T 将 380 V 的交流电压降到 36 V 的安全电压,供照明用。照明电路由开关 K 控制灯泡 EL,熔断器 FU3 作为照明电路的短路保护。

冷却泵电动机 M2 运行指示灯 HL1 和电源指示 HL2、刻度照明 HL3,使用 6.3 V 交流电压。

（3）电路特点总结

C6140T 普通车床电气控制电路有以下特点：

① 主轴电动机采用单向直接起动,单管能耗制动,能耗制动时间用断电延时型时间继电器控制。

② 主轴电动机和冷却泵电动机在主电路中保证顺序联锁关系。

③ 用电流互感器检测电流,监视电动机的工作电流。

④ 由空气开关 QF1,实现主轴电动机和冷却泵电动机的短路过载保护。

3. C6140T 普通车床电气线路常见故障分析

（1）主轴电动机 M1 不能起动

主轴电动机 M1 不能起动的原因可能是：控制电路没有电压；控制电路中的熔断器 FU5 熔断；接触器 KM1 未吸合。

按下起动按钮 SB2,接触器 KM1 线圈不得电,故障可能在控制电路,如按钮 SB1、SB2 的触点接触不良,接触器线圈断线,就会导致 KM1 线圈不能通电动作。可用电阻法依次测量 001—002—003—004—005—006—000。

在实际检测中应在充分试车情况下尽量缩小故障区域。对于电动机 M1 不能起动的故障现象,若刀架快速移动正常,故障将限于 003—004—005—006—000 之间。若 KM2 线圈能得电,故障将限于 006—000 之间。

当按 SB2 后,若接触器 KM1 吸合,但主轴电动机不能起动,故障原因必定在主电路中,可依次检查进线电源、QF1、接触器 KM1 主触点及三相电动机的接线端子等是否接触良好。

在检测时,对于同一线号至少有两个相关接线连接点的,应根据电路逐一测量,判断是属于连接点故障还是同一线号两连接点之间导线故障。

控制电路的故障检测尽量采用电压法,当故障检测到之后应断开电源,再用电阻法排除。

（2）主轴电动机能运转但不能自锁

当按下按钮 SB2 时,电动机能运转,但放松按钮后电动机即停转,这是由于接触器 KM1 的辅助常开触点接触不良或位置偏移、卡阻现象引起的故障。这时只要将接触器 KM1 的辅助常开触点进行修整或更换即可排除故障。辅助常开触点的连接导线松脱或断裂也会使电动机不能自锁,可用电阻法测量 004—005 号的连接情况。

（3）主轴电动机不能停车

造成这种故障的原因可能有：接触器 KM1 的主触点熔焊；停止按钮 SB1 击穿或线路中 003、004 两点连接导线短路；接触器铁心表面粘有污垢。可采用下列方法判明是哪种原因造成电动机 M1 不能停车：若断开 QF1,接触器 KM1 释放,则说明故障为 SB1 击穿或导线短路；若接触器过一段时间释放,则故障为铁心表面粘有污垢；若断开 QF1,接触器 KM1 不释放,则故障为主触点熔焊,打开接触器灭弧罩,可直接观察到该故障。根据具体故障情况采取相应措施。

（4）刀架快速移动电动机不能运转

按下点动按钮 SB3,接触器 KM3 未吸合,故障必然在控制线路中,这时可检查点动按钮

SB3 及接触器 KM3 的线圈是否断路。用电阻法检测 003—007—000 之间的连接情况。

(5) M1 能起动但不能能耗制动

起动主轴电动机 M1 后,若要实现能耗制动,只需踩下行程开关 SQ1 即可。若踩下行程开关 SQ1,不能实现能耗制动,其故障现象通常有两种:一种是电动机 M1 能自然停车;另一种是电动机 M1 不能停车,仍然转动不停。

踩下行程开关 SQ1,不能实现能耗制动,其故障范围可能在主电路,也可能在控制电路中。可由以下方法加以判别。

① 由故障现象确定 当踩下行程开关 SQ1 时,若电动机能自然停车,说明控制电路中 KT(02—03)能断开,时间继电器 KT 线圈得电,不能制动的原因在于接触器 KM4 是否动作。KM4 线圈能得电,则故障点在主电路中;KM4 线圈不能得电,则故障点在控制电路中。

当踩下行程开关 SQ1 时,若电动机不能停车,说明控制电路中 KT(02—03)不能断开,致使接触器 KM1 线圈不能断电释放,从而造成电动机不停车,其故障点在控制电路中,这时可以检查继电器 KT 线圈是否得电。

② 由电器的动作情况确定 当踩下行程开关 SQ1 进行能耗制动时,反复观察继电器 KT 和 KM4 的衔铁有无吸合动作。若 KT 和 KM4 的衔铁先后吸合,则故障点肯定在主电路的能耗制动支路中;KT 和 KM4 的衔铁只要有一个不吸合,则故障点必在控制电路的能耗制动支路中。

4. 机床电气故障排除的方法及 C6140T 普通车床常见电气故障排除

机床电气故障的检修方法较多,常用的有电压法、电阻法和短接法等。

(1) 电压法

电压法是指利用万用表测量机床电气线路上某两点间的电压值来判断故障点的范围或故障元件的方法。

① 电压分阶测量法 电压的分阶测量法如图 5−2−4 所示。图 5−2−4 所示故障现象是:断开主电路,接通控制电路的电源,若按下起动按钮 SB2,接触器 KM1 线圈不能得电吸合,则说明控制电路有故障。检测时,首先用万用表测量 1、7 两点间的电压,若电路正常应为 380 V。然后按住起动按钮 SB2 不放,同时将黑色表棒接到点 7 上,红色表棒依次接到 2、3、4、5、6 各点上,分别测量 2—7、3—7、4—7、5—7、6—7 两点间的电压。根据其测量结果即可找出故障原因,如表 5−2−1 所示。

表 5−2−1 电压分阶测量法查找故障原因

故障现象	测试状态	2—7	3—7	4—7	5—7	6—7	故障原因
按下 SB2 时,KM1 不吸合	按下 SB2 不放	0					FR 常闭触点接触不良
		380 V	0				SB1 常闭触点接触不良
		380 V	380 V	0			SB2 常开触点接触不良
		380 V	380 V	380 V	0		KM2 常闭触点接触不良
		380 V	380 V	380 V	380 V	0	SQ 常闭触点接触不良
		380 V	380 V	380 V	380 V	380 V	KM 线圈断路

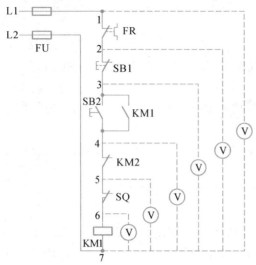

图 5-2-4　电压的分阶测量法

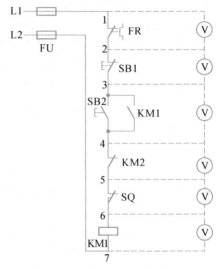

图 5-2-5　电压的分段测量法

这种测量方法如台阶一样依次测量电压,所以叫电压分阶测量法。

② 电压分段测量法　电压的分段测量法如图 5-2-5 所示。先用万用表测试 1、7 两点,电压值为 380 V,说明电源电压正常。

检查时,首先用万用表测量 1、7 两点间的电压,若电压为 380 V,说明控制电路的电源正常。然后按住起动按钮 SB2 不放,同时将万用表的红、黑表棒逐段测量相邻两点 1—2、2—3、3—4、4—5、5—6、6—7 间的电压。根据其测量结果即可找出故障原因,如表 5-2-2 所示。

表 5-2-2　电压分段测量法查找故障原因

故障现象	测试状态	1—2	2—3	3—4	4—5	5—6	6—7	故障原因
按下 SB2 时,KM1 不吸合	按下 SB2 不放	380 V						FR 常闭触点接触不良
		0	380 V					SB1 常闭触点接触不良
		0	0	380 V				SB2 常开触点接触不良
		0	0	0	380 V			KM2 常闭触点接触不良
		0	0	0	0	380 V		SQ 常闭触点接触不良
		0	0	0	0	0	380 V	KM 线圈断路

(2) 电阻测量法

电阻测量法是指利用万用表电阻挡测量机床电气线路上某两点间的电阻值来判断故障点或故障元件的方法。电阻测量法也有分阶测量法和分段测量法。

① 电阻分阶测量法　电阻的分阶测量法如图 5-2-6 所示。

按下起动按钮 SB2,接触器 KM1 不吸合,则该电路有断路故障。

用万用表的电阻挡检测前应先断开电源,然后按下 SB2 不放松,先测量 1—7 两点间的电阻,如电阻值为无穷大,说明 1—7 之间的电路有断路。然后分别测量 1—2、1—3、1—4、1—5、1—6 各点间的电阻值。若电路正常,则该两点间的电阻值为"0";当测量到某标号间的电阻值为无穷大,则说明表棒刚跨过的触点或连接导线断路。

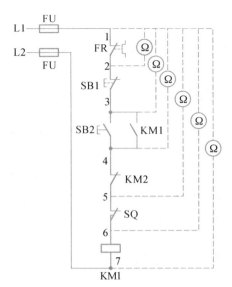

图 5 - 2 - 6 电阻的分阶测量法

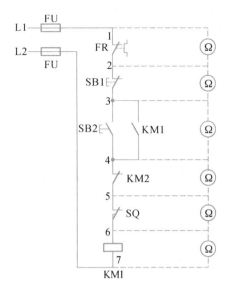

图 5 - 2 - 7 电阻的分段测量法

电阻分阶测量法,根据其测量结果即可找出故障原因,如表 5 - 2 - 3 所示。

表 5 - 2 - 3 电阻分阶测量法查找故障原因

故障现象	测试状态	1—2	1—3	1—4	1—5	1—6	故障原因
按下 SB2 时, KM1 不吸合	按下 SB2 不放	∞					FR 常闭触点接触不良
		0	∞				SB1 常闭触点接触不良
		0	0	∞			SB2 常开触点接触不良
		0	0	0	∞		KM2 常闭触点接触不良
		0	0	0	0	∞	SQ 常闭触点接触不良

② 电阻分段测量法 电阻的分段测量法如图 5 - 2 - 7 所示。

检查时,先切断电源,按下起动按钮 SB2 不放松,然后依次逐段测量相邻两标号点 1—2、2—3、3—4、4—5、5—6 间的电阻。若电路正常,除 6—7 两点间的电阻值为 KM1 线圈电阻外,其余各标号间电阻值应为零。如测得某两点间的电阻为无穷大,说明这两点间的触点或连接导线断路。例如当测得 2—3 两点间电阻值为无穷大时,说明停止按钮 SB1 或连接 SB1 的导线断路。

电阻分段测量法,根据其测量结果即可找出故障原因,如表 5 - 2 - 4 所示。

表 5 - 2 - 4 电阻分段测量法查找故障原因

故障现象	测试状态	1—2	2—3	3—4	4—5	5—6	故障原因
按下 SB2 时, KM1 不吸合	按下 SB2 不放	∞					FR 常闭触点接触不良
		0	∞				SB1 常闭触点接触不良
		0	0	∞			SB2 常开触点接触不良
		0	0	0	∞		KM2 常闭触点接触不良
		0	0	0	0	∞	SQ 常闭触点接触不良

使用电阻法时的注意点：

① 用电阻法检查故障时一定要断开电源。

② 如被测电路与其他电路并联时，必须将该电路与其他电路断开，否则所测得的电阻值是不准确的，即要断开寄生回路。

③ 测量高电阻值的电气元件时，把万用表的选择开关旋转至合适的电阻挡位。

（3）短接法

短接法是指用导线将机床线路中两等电位点短接，以缩小故障范围，从而确定故障范围或故障点的方法。

局部短接法　局部短接法如图 5-2-8 所示。

按下起动按钮 SB2 时，接触器 KM1 不吸合，说明该电路有断路故障。检查前先用万用表测量 1—7 两点间的电压值，若电压正常，可按下起动按钮 SB2 不放松，然后用一根绝缘良好的导线，分别短接相邻标号的两点，如短接 1—2、2—3、3—4、4—5、5—6。当短接到某两点时，接触器 KM1 吸合，说明断路故障就在这两点之间。

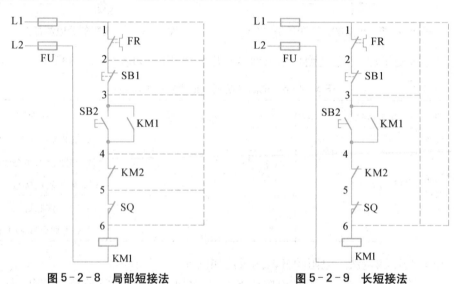

图 5-2-8　局部短接法　　　　　　　图 5-2-9　长短接法

长短接法　长短接法检查断路故障如图 5-2-9 所示。

长短接法是指一次短接两个或多个触点，检查断路故障的方法。

当 FR 的常闭触点和 SB1 的常闭触点同时接触不良时，如用上述局部短接法短接 1—2 点，按下起动按钮 SB2，KM1 仍然不会吸合，故可能会造成误判。而采用长短接法将 1—6 短接，如 KM1 吸合，说明 1—6 这段电路中有断路故障，然后再短接 1—3 和 3—6，若短接 1—3 时 KM1 吸合，则说明故障在 1—3 段范围内。再用局部短接法短接 1—2 和 2—3，能很快地检测到电路的断路故障点。

短接法检查注意点：

① 短接法是用手拿绝缘导线带电操作的，所以一定要注意安全，避免触电事故发生。

② 短接法只适用于检查压降极小的导线和触点之类的断路故障。对于压降较大的电器，如电阻、线圈、绕组等断路故障，不能采用短接法，否则会出现短路故障。

③ 对于机床的某些要害部位，必须在保障电气设备或机械部位不会出现事故的情况下才能使用短接法。

（4）C6140T 普通车床线路排故举例

下面举例说明发生能耗制动故障时故障排查方法的应用。

① 主电路故障的排除　在主电路中，通过单管整流，把交流电变成直流电，接入电动机的定子绕组，产生一个与电动机转子旋转方向相反的制动转矩，从而使电动机迅速停车。能耗制动故障在主电路中常见的有熔断器 FU2 和二极管 VD 的损坏或接触不良、KM4 的各触点及各连接点的接触不良，用万用表逐一检查即可查出故障点。

例 1　若主电路中 KM4(203—W12)上 203 线松脱，造成不能能耗制动。用电阻法查找此故障点。

断电情况下，选择万用表的 R×10 电阻挡，一表棒（因二极管具有单向导电性，故在此选择红表棒）放在 V11 点不动，另一表棒（即黑表棒）从 201 点逐步往下移动，并在经过 KM4 触点时，强行使 KM4 触点闭合（只需按住 KM4 的衔铁不放）。若在测量过程中，测量到 V11 与某点间（如 KM4 上的 203 点）的电阻值为无穷大时，则该点（KM4 上的 203 点）或该元件（KM4 触点）即为故障点。

② KT 线圈支路故障的排除　KT 线圈通电的路径是：01→FU5→02→SQ1(02—12)→KM1(12—13)→KM4(13—16)→KT 线圈→00。

例 2　KT 线圈不得电，若故障点在 KT 线圈上的 16 号线，用电压法查找此故障点。

选择万用表的交流电压 250 V 量程，一表棒放在 02 线不动，另一表棒依次放在 12、13、16、00 号线上，当万用表有电压指示（此处为 127 V）时，故障点也就是该点或前一连接点。本例中当另一表棒移至 KT 上的 16 号线时，万用表仍无电压指示，而移至 KT 上的 0 号线时，会有 127 V 的电压指示，此时即可确定故障点为 KT 上的 16 号线。（测量过程中压下 SQ1）

③ KM4 线圈支路故障的排除　KM4 线圈通电的路径是：01→FU5→02→KT(02—13)→KM1(13—14)→KM2(14—15)→KM4 线圈→00。

例 3　KM4 线圈不得电，若故障点在触点 KM1(13—14)上的 14 号线上，用短路法查找此故障点。

因 KT 能得电，若线路中只有一个故障点，则此时故障现象应是 KT 吸合不释放，可将等电位点 13 号线与 15 号线短接，若此时 KM4 线圈能得电，说明故障范围在 13 号线与 15 号线之间，在断电情况下，用电阻法可很快查找到此故障点。

四、理论知识

问题 1：如何识读机床电气控制原理图？

问题 2：诊断机床电气设备故障的步骤是什么？

机床电气控制线路包括：主电路、控制电路（包括电源变压器）、指示电路、联锁保护环节等。

1. 机床电气控制原理图的阅读分析方法

（1）基本原则

化整为零、顺藤摸瓜、先主后辅、集零为整、安全保护、全面检查。

采用化整为零的原则,以某一电动机或电器元件(如接触器或继电器线圈)为对象,从电源开始,自上而下,自左而右,逐一分析其接通、断开关系。

(2) 分析方法与步骤

① 分析主电路 无论线路设计还是线路分析都是先从主电路入手的。主电路的作用是保证机床拖动要求的实现。从主电路的构成可分析出电动机或执行电器的类型、工作方式,起动、转向、调速、制动等控制要求与保护要求等。

② 分析控制电路 主电路各控制要求是由控制电路来实现的,运用"化整为零"、"顺藤摸瓜"的原则,将控制电路按功能划分为若干个局部控制线路,从电源和主令信号开始,经过逻辑判断,写出控制流程,以简单明了的方式表达出电路的自动工作过程。

③ 分析辅助电路 辅助电路包括执行元件的工作状态显示、电源显示、参数设定、照明和故障报警等。这部分电路具有相对独立性,起辅助作用但又不影响主要功能。辅助电路中很多部分是受控制电路中的元件来控制的。

④ 分析联锁与保护环节 生产机械对于安全性、可靠性有很高的要求,实现这些要求,除了合理地选择拖动、控制方案外,在控制线路中还设置了一系列电气保护和必要的电气联锁。在电气控制原理图的分析过程中,电气联锁与电气保护环节是一个重要内容,不能遗漏。

⑤ 总体检查 经过"化整为零",逐步分析了每一局部电路的工作原理以及各部分之间的控制关系之后,还必须用"集零为整"的方法检查整个控制线路,看是否有遗漏。特别要从整体角度去进一步检查和理解各控制环节之间的联系,从而正确理解原理图中每一个电气元器件的作用。

2. 机床电气设备故障的诊断步骤

(1) 故障调查

一问 机床发生故障后,首先应向操作者了解故障发生的前后情况,有利于根据电气设备的工作原理来分析发生故障的原因。一般询问的内容有:故障发生在开车前、开车后,还是发生在运行中? 是运行中自行停车,还是发现异常情况后由操作者停下来的;发生故障时,机床工作在什么工作顺序,按动了哪个按钮,扳动了哪个开关;故障发生前后,设备有无异常现象(如响声、气味、冒烟或冒火等);以前是否发生过类似的故障,是怎样处理的等。

二看 熔断器内熔丝是否熔断,其他电气元件有无烧坏、发热、断线,导线连接处螺丝有无松动,电动机的转速是否正常。

三听 电动机、变压器和某些电气元件在运行时声音是否正常,可以帮助寻找故障的部位。

四摸 电动机、变压器和电气元件的线圈发生故障时,温度会显著上升,可切断电源后用手去触摸。

(2) 电路分析

根据调查结果,参考该电气设备的电气原理图进行分析,初步判断出故障产生的部位,然后逐步缩小故障范围,直至找到故障点并加以消除。

分析故障时应有针对性,如:接地故障一般先考虑电气柜外的电气装置,后考虑电气柜内的电气元件;断路和短路故障,应先考虑动作频繁的元件,后考虑其余元件。

（3）断电检查

检查前先断开机床总电源，然后根据故障可能产生的部位，逐步找出故障点。检查时应先检查电源线进线处有无碰伤而引起的电源接地、短路等现象，螺旋式熔断器的熔断指示器是否跳出，热继电器是否动作。然后检查电气外部有无损坏，连接导线有无断路、松动，绝缘是否过热或烧焦。

（4）通电检查

作断电检查仍未找到故障时，可对电气设备作通电检查。

在通电检查时要尽量使电动机和其所传动的机械部分脱开，将控制器和转换开关置于零位，行程开关还原到正常位置，然后万用表检查电源电压是否正常，有无缺相或严重不平衡，再进行通电检查。检查的顺序为：先检查控制电路，后检查主电路；先检查辅助系统，后检查主传动系统；先检查交流系统，后检查直流系统；合上开关，观察各电气元件是否按要求动作，有无冒火、冒烟、熔断器熔断的现象，直至查到发生故障的部位。

五、拓展知识

1. C6140T普通车床排故练习

（1）在教师指导下对车床进行操作。

（2）对照图纸熟悉电气元件及位置。

（3）观察、体会教师示范检修流程。

（4）在车床上人为设置故障点。故障的设置应注意以下几点：

① 人为设置的故障必须是模拟车床在工作中由于受外界因素影响而造成的自然故障。

② 不能设置更改线路或更换元件等由于人为原因而造成的非自然故障。

③ 设置故障不能损坏电路元器件，不能破坏线路美观；不能设置易造成人身事故的故障；尽量不设置易引起设备事故的故障。若有必要应在教师监督和现场密切注意的前提下进行，例如电动机主回路故障。

（5）故障的设置先易后难，先设置单个故障点，然后过渡到两个故障点。

① 故障检测前要先通过试车说出故障现象，分析故障大致范围，讲清拟采用的故障排除手段、检测流程，正确无误后方能在监护下进行检测训练。

② 找出故障点以后切断电源，仔细修复，不得扩大故障或产生新的故障。恢复后通电试车。

（6）典型故障

① 合上 QF1，操作各按钮，没任何反应。

② 主轴电动不能起动，快进电动机可以起动。

③ 主轴电动机能自然停止，但不能能耗制动。

④ 压下 SQ1，主轴电动机不能停止，继续运转。

2. 车床排故评分标准

要求在30分钟内排除两个电气线路故障，评分标准如表5-2-5。

表 5-2-5　车床排故评分标准

序　号	项　目	评　分　标　准	配分	扣分	得分
一	观察故障现象	两个故障,观察不出故障现象,每个扣 10 分	20		
二	故障分析	分析和判断故障范围,每个故障占 20 分。每一个故障,范围判断不正确每次扣 10 分;范围判断过大或过小,每超过一个元器件扣 5 分,扣完这个故障的 20 分为止	40		
三	故障排除	正确排除两个故障,不能排除故障,每个扣 20 分	40		
四	其他	不能正确使用仪表扣 10 分;拆卸无关的元器件、导线端子,每次扣 5 分;扩大故障范围,每个故障扣 5 分;违反电气安全操作规程,造成安全事故者酌情扣分;修复故障过程中超时,每超时 5 min 扣 5 分。	从总分倒扣		
开始时间		结束时间	成绩	评分人	

六、练习

1. 试述 C6140T 普通车床的能耗制动工作过程。

2. 操作 C6140T 普通车床,熟悉机床各电器位置和正常动作情况。

3. 分别操作主轴电动机的停止按钮 SB1 和制动手柄 SQ1,观察主轴电动机的停止情况。

4. 调节时间继电器的定时时间,观察主轴电动机 M1 的停止情况和电器 KT、KM4 的动作。

5. C6140T 普通车床主轴电动机能起动,但快进电动机 M3 不能起动,请分析原因。

6. 如果按下 SQ1 时,KT 能吸合,试分析主轴电动机不能能耗制动的可能原因。

模块三　X6132 万能铣床电气控制线路分析

万能铣床是一种通用的多用途机床,可用来加工平面、斜面、沟槽。装上分度头后,可以铣切直齿轮和螺旋面;加装圆工作台后,可以铣切凸轮和弧形槽。铣床的控制是机械与电气一体化的控制。

本模块要求识读 X6132 万能卧式铣床电气控制原理图,利用万用表检测并排除 X6132 万能卧式铣床电气控制电路的常见故障。

一、教学目标

1. 能熟练分析 X6132 万能铣床电气控制线路的工作原理;
2. 会根据 X6132 万能铣床故障现象,分析故障范围,利用万用表检测并排除常见电气故障。

二、工作任务

1. 分析图 5-3-1 控制线路的工作原理。
2. 分析 X6132 万能铣床常见电气故障的原因,并用万用表检测并排除常见电气故障。

三、能力训练

(一) 铣床的结构与运动形式

1. X6132 万能铣床的结构认识

X6132 万能卧式铣床主要由床身、悬梁及刀杆支架、工作台、溜板和升降台等几部分组成,其结构示意图如图 5-3-2 所示(说明:主要关注可移动部分的结构)。

箱形的床身 4 固定在底座 14 上,在床身内装有主轴传动机构及主轴变速操纵机构。在床身的顶部有水平导轨,其上装有带着一个或两个刀杆支架的悬梁。刀杆支架用来支承安装铣刀心轴的一端,而心轴的另一端则固定在主轴上。在床身的前方有垂直导轨,一端悬持的升降台可沿之作上下移动。在升降台上面的水平导轨上,装有可平行于主轴轴线方向移动(横向移动)的溜板 10。工作台 8 可沿溜板上部转动部分 9 的导轨在垂直于主轴轴线的方向移动(纵向移动)。这样,安装在工作台上的工件可以在三个方向调整位置或完成进给运动。此外,由于转动部分对溜板 10 可绕垂直轴线转动一个角度(通常为±45°),这样,工作台于水平面上除能平行或垂直于主轴轴线方向进给外,还能在倾斜方向进给,从而完成铣螺旋槽的加工。

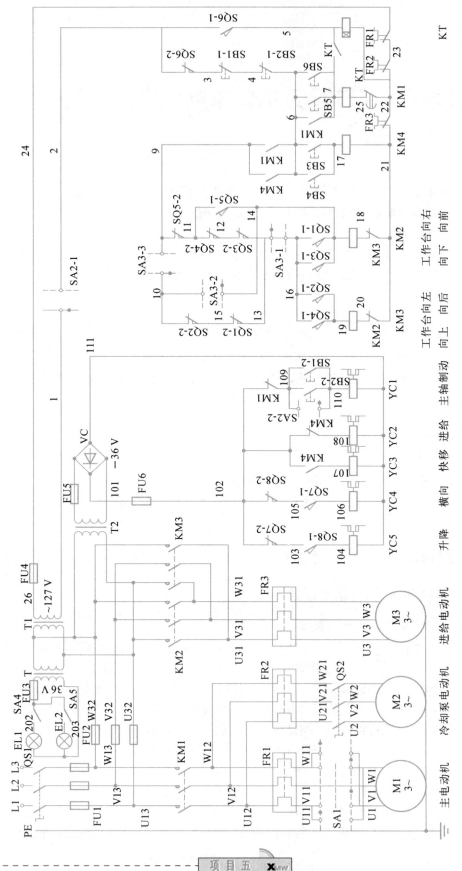

图 5-3-1 X6132 万能铣床电气控制线路图

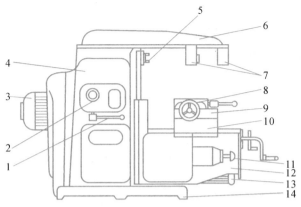

图 5-3-2 铣床结构示意图

1—主轴变速手柄　2—主轴变速盘　3—主轴电动机　4—床身　5—主轴　6—悬架
7—刀架支杆　8—工作台　9—转动部分　10—溜板　11—进给变速手柄及变速盘
12—升降台　13—进给电动机　14—底盘

2. 铣床的运动情况认识

主运动:铣刀的旋转运动。

进给运动:工件相对于铣刀的移动,即工作台的左右、上下和前后进给移动。

旋转进给移动:装上附件圆工作台。

工作台是用来安装夹具和工件的。在横向溜板上的水平导轨上,工作台可沿导轨作左、右移动;在升降台的水平导轨上,工作台可沿导轨前、后移动;升降台依靠下面的丝杠,沿床身前面的导轨同工作台一起上、下移动。

变速冲动:为了使主轴变速及进给变速时变换后的齿轮能顺利啮合,主轴变速时主轴电动机应能转动一下,进给变速时进给电动机也应能转动一下。这种变速时电动机稍微转动一下,称为变速冲动。

其他运动:进给几个方向的快移运动;工作台上下、前后、左右的手摇移动;回转盘使工作台向左、右转动±45°;悬梁及刀杆支架的水平移动。除进给几个方向的快移运动由电动机拖动外,其余均为手动。

进给速度与快移速度的区别,只不过是进给速度低,快移速度高,在机械方面通过电磁离合器改变传动链来实现。

3. 铣床加工对控制线路要求分析——从运动情况看电气控制要求

(1) 主运动——铣刀的旋转运动

为能满足顺铣和逆铣两种铣削加工方式的需要,要求主轴电动机能够实现正反转,但旋转方向不需要经常改变,仅在加工前预选主轴转动方向而在加工过程中保持不变。X6132 万能铣床主轴电动机在主电路中采用倒顺开关改变电源相序。

铣削加工是多刀多刃不连续切削,负载存在波动。为减轻负载波动的影响,往往在主轴传动系统中加入飞轮,使转动惯量加大,但为实现主轴快速停车,主轴电动机应设有停车制动。同时,在换刀时,也应使主轴制动。为此本铣床采用电磁离合器控制主轴停车制动和主轴换刀制动。

为适应铣削加工需要,主轴转速与进给速度应有较宽的调节范围。X6132 万能铣床采用机械变速,改变变速箱的传动比来实现,为保证变速时齿轮易于啮合,减少齿轮端面的冲击,要求变速时电动机有冲动控制环节。

(2)进给运动——工件相对于铣刀的移动

工作台的垂直、横向和纵向三个方向的运动由同一台进给电动机拖动,而三个方向的选择是由操纵手柄改变传动链来实现的。每个方向又有正反向的运动,这就要求进给电动机能正、反转。而且,同一时间只允许工作台只有一个方向的移动,故应有联锁保护。

纵向、横向、垂直方向与圆工作台的联锁:为了保证机床、刀具的安全,在铣削加工时,只允许工作台作一个方向的进给运动。在使用圆工作台加工时,不允许工件作纵向、横向和垂直方向的进给运动。为此,各方向进给运动之间应具有联锁环节。

在铣削加工中,为了不使工件和铣刀发生碰撞,要求进给拖动一定要在铣刀旋转时才能进行,因此要求主轴电动机和进给电动机之间要有可靠的联锁,即进给运动要在铣刀旋转之后进行,加工结束必须在铣刀停转前停止进给运动。

为供给铣削加工时所需的冷却液,应有冷却泵电动机拖动冷却泵,供给冷却液。

为适应铣削加工时操作者的正面与侧面操作要求,机床应对主轴电动机的起动与停止及工作台的快速移动控制,具有两地操作的功能。

工作台上下、左右、前后六个方向的运动应具有终端限位保护。

铣削加工中,根据不同的工件材料,也为了延长刀具的寿命和提高加工质量,需要切削液对工件和刀具进行冷却润滑,而有时又不采用,因此可采用转换开关控制冷却泵电动机单向旋转。

此外还应配有安全照明电路。

(二)X6132铣床电气控制线路的工作原理分析

1. 主轴电动机控制线路分析

(1)主电路分析

合上电源开关 QS1,主轴电动机 M1 由交流接触器 KM1 控制,由倒顺开关 SA1 预选旋转方向,实现直接起动,FR1 实现过载保护,FU1 实现短路保护,如图 5 - 3 - 3 所示。

(2)控制电路分析

① 主轴的起动过程分析　换向开关 SA1 旋转到所需要的旋转方向→按下启动按钮 SB5 或 SB6→接触器 KM1 线圈通电→辅助常开触点 KM1(6—7)闭合进行自锁,同时主触点闭合→主轴电动机 M1 旋转。

在主轴起动的控制电路中串联有热继电器 FR1 和 FR2 的常闭触点(22—23)和(23—24)。这样,当电动机 M1 和 M2 中有任一台电动机过载,热继电器常闭触点的动作将使两台电动机都停止。

主轴起动的控制回路为:1→SA2 - 1→SQ6 - 2→SB1 - 1→SB2 - 1→SB5(或 SB6)→KM1 线圈→25→KT→22→FR2→23→FR1→24。

② 主轴的停车制动过程分析　按下停止按钮 SB1 或 SB2→其常闭触点(3—4)或(4—6)断开→接触器 KM1 线圈因断电而释放,但主轴电动机因惯性仍然在旋转。按停止按钮时应按到底→其常开触点(109—110)闭合→主轴制动离合器 YC1 线圈通电吸合→使主轴制动,迅速停止旋转。

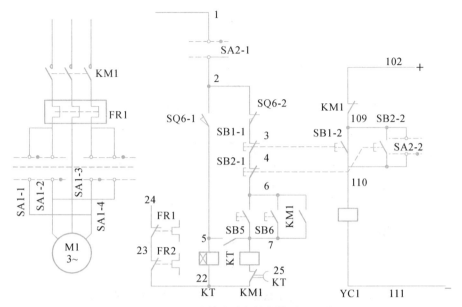

图 5 - 3 - 3　主轴电动机控制线路原理图

③ 主轴的变速冲动过程分析　主轴变速时,首先将变速操纵盘上的变速操纵手柄拉出,然后转动变速盘,选好速度后再将变速操作手柄推回。当把变速手柄推回原来位置的过程中,通过机械装置使冲动开关 SQ6 - 1 闭合一次,SQ6 - 2 断开。SQ6 - 2(2—3)断开→接触器 KM1 线圈断电;SQ6 - 1 瞬时闭合→时间继电器 KT 线圈通电→其常开触点(5—7)瞬时闭合→接触器 KM1 线圈瞬时通电→主轴电动机作瞬时转动,以利于变速齿轮进入啮合位置;同时,时间继电器 KT 线圈通电→其常闭触点(25—22)延时断开→接触器 KM1 线圈断电,防止由于操作者延长推回手柄的时间而导致电动机冲动时间过长、变速齿轮转速高而发生打坏轮齿的现象。

主轴正在旋转,主轴变速时不必先按停止按钮再变速。这是因为当变速手柄推回原来位置的过程中,通过机械装置使 SQ6 - 2(2—3)触点断开,使接触器 KM1 线圈断电释放,电动机 M1 停止转动。

④ 主轴换刀时的制动过程分析　为了使主轴在换刀时不随意转动,换刀前应将主轴制动。将转换开关 SA2 扳到换刀位置→其触点(1—2)断开了控制电路的电源,以保证人身安全;另一个触点(109—110)接通了主轴制动电磁离合器 YC1,使主轴不能转动。换刀后再将转换开关 SA2 扳回工作位置→触点 SA2 - 1(1—2)闭合,触点 SA2 - 2(109—110)断开→主轴制动离合器 YC1 断电,接通控制电路电源。

2. 进给电动机控制线路分析

将电源开关 QS1 合上,先起动主轴电动机 M1,接触器 KM1 线圈得电吸合自锁,再操作工作台进给手柄,就可以起动进给电动机 M3,实现工作台各个方向的运动。

（1）主电路分析

进给电动机 M3 通过接触器 KM2、KM3 实现正反转控制,由 FR3 实现过载保护。进给运动有左右的纵向运动、前后的横向运动和上下的垂直运动。原理图如图 5 - 3 - 4 所示。

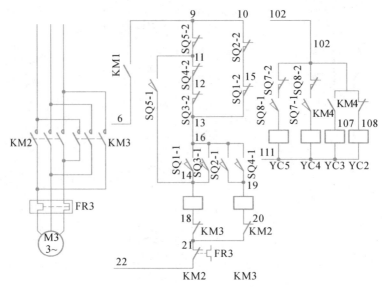

图 5-3-4　工作台纵向、横向、垂直进给控制线路原理图

（2）工作台六个方向运动的实现

工作台的直线运动是由传动丝杠的旋转带动的。工作台可以在三个坐标轴上运动，因此设有三根传动丝杠，它们相互垂直。三根丝杠的动力都由进给电动机 M3 提供。三个轴向离合器中哪一个挂上，进给电动机就将动力传给哪一个丝杠。例如，将垂直离合器挂上，电动机就带动垂直丝杠转动，使工作台向上或向下运动。若进给电动机正向旋转，工作台就向下运动；若进给电动机反向旋转，工作台就向上运动。因此工作台运动方向的选择，就是机械离合器的选择和电动机转向选择的结合。而操纵手柄扳向某位置，既确定了哪个离合器被挂上，又确定了进给电动机的转向，因而确定了工作台的运动方向。

同一台进给电动机拖动工作台六个方向运动示意图如图 5-3-5 所示。

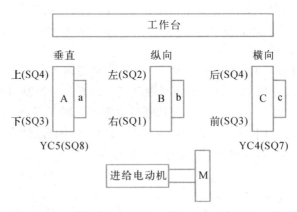

图 5-3-5　进给电动机拖动工作台六个方向运动示意图

（3）控制电路工作原理分析

进给电动机的正反转接触器 KM2、KM3 是由行程开关 SQ1、SQ3 与 SQ2、SQ4 来控制的，行程开关又是由两个机械操纵手柄控制的。这两个机械操纵手柄，一个是纵向操纵手柄，另一个是垂直与横向操纵手柄。扳动机械操纵手柄，在完成相应的机械挂挡同

时,压合相应的行程开关,从而接通接触器,起动进给电动机,拖动工作台按预定方向运动。在工作进给时,由于快速移动接触器 KM4 线圈处于断电状态,使进给移动电磁离合器 YC2 线圈通电,工作台的运动是工作进给。

纵向机械操纵手柄有左、中、右三个位置,垂直与横向机械操纵手柄有上、下、前、后、中五个位置。SQ1、SQ2 是与纵向操纵手柄有关的行程开关;SQ3、SQ4 是与垂直、横向操纵手柄有关的行程开关。当这两个机械操纵手柄处于中间位置时,SQ1~SQ4 都处于未被压下的原始状态,当扳动机械操纵手柄时,将压下相应的行程开关。

将电源开关 QS1 合上,起动主轴电动机 M1,接触器 KM1 吸合自锁,进给控制电路有电压,就可以起动进给电动机 M3。

工作台纵向(左、右)进给运动的控制分析:

先将圆工作台的转换开关 SA3 扳在"断开"位置,此时 SA3-1 和 SA3-3 触点闭合。工作台进给时,万能转换开关 SA3 各触点的通断情况见表 5-3-1。

表 5-3-1　圆工作台转换开关 SA3 触点通断情况

触　点	圆工作台位置	
	接　通	断　开
SA3-1(13—16)	−	+
SA3-2(10—14)	+	−
SA3-3(9—10)	−	+

注:表中"+"表示触点闭合,"−"表示触点断开

由于 SA3-1(13—16)闭合,SA3-2(10—14)断开,SA3-3(9—10)闭合,所以这时工作台的纵向、横向和垂直进给的控制电路如图 5-3-4 所示。

① 向右运动工作过程分析:工作台纵向操纵手柄扳到右边位置,一方面进给电动机的传动链和工作台纵向运动传动机构相连,另一方面压下向右进给的微动开关 SQ1→常闭触点 SQ1-2(13—15)断开,同时常开触点 SQ1-1(14—16)闭合→接触器 KM2 线圈通电→进给电动机 M3 正向旋转,拖动工作台向右移动。

向右运动的控制回路是:9→SQ5-2→SQ4-2→SQ3-2→SA3-1→SQ1-1→KM2 线圈→KM3→21。

② 向左运动工作过程分析:工作台纵向操纵手柄扳到左边位置,一方面进给电动机的传动链和工作台纵向运行传动机构相连,另一方面压下向左进给的微动开关 SQ2→常闭触点 SQ2-2(10—15)断开,同时常开触点 SQ2-1(16—19)闭合→接触器 KM3 线圈通电→进给电动机 M3 反向旋转→拖动工作台向左移动。

向左运动的控制回路是:9→SQ5-2→SQ4-2→SQ3-2→SA3-1→SQ2-1→KM3 线圈→KM2→21。

当将纵向操纵手柄扳回到中间位置(或称零位)时,一方面纵向运动的机械机构脱开,另一方面微动开关 SQ1 和 SQ2 都复位,其常开触点断开,接触器 KM2 或 KM3 线圈断电释放,进给电动机 M3 停止,工作台也停止。

终端限位保护的实现:在工作台的两端各有一块挡铁,当工作台移动到挡铁位置,碰动纵向进给手柄位置时,会使纵向进给手柄回到中间位置,实现自动停车,这就是终端限

位保护。调整挡铁在工作台上的位置,可以改变停车的终端位置。

工作台横向(前、后)和垂直(上、下)进给运动的控制分析:

将圆工作台转换开关 SA3 也扳到"断开"位置,这时的控制线路也如图 5-3-4 所示。

操纵工作台横向进给运动和垂直进给运动的手柄为十字手柄。它有两个,分别装在工作台左侧的前、后方。它们之间有机构联接,只需操纵其中的任意一个即可。手柄有上、下、前、后和零位共五个位置。

① 向下或向前运动工作过程分析。

向下运动:手柄在"下"位置,SQ8 被压,SQ8-1 闭合→YC5 得电→电动机的传动机构和垂直方向的传动机构相连,同时 SQ3 被压→KM2 线圈得电→M3 正转→工作台下移。

向前运动:手柄在"前"位置,SQ7 被压,SQ7-1 闭合→YC4 得电→电动机的传动机构和横向传动机构相连,同时 SQ3 被压→KM2 线圈得电→M3 正转→工作台前移。

向下或向前运动的控制回路:6→KM1→9→SA3-3→10→SQ2-2→15→SQ1-2→13→SA3-1→16→SQ3-1→KM2 线圈→18→KM3→21。

② 向上或向后运动工作过程分析。

向上运动:手柄在"上"位置,SQ8 被压,SQ8-1 闭合→YC5 得电→电动机的传动机构和垂直方向的传动机构相连,同时 SQ4 被压→KM3 线圈得电→M3 反转→工作台上移。

向后运动:手柄在"后"位置,SQ7 被压,SQ7-1 闭合→YC4 得电→电动机的传动机构和横向传动机构相连,同时 SQ4 被压→KM3 线圈得电→M3 反转→工作台后移。

向上、向后控制回路是:6→KM1→9→SA3-3→10→SQ2-2→15→SQ1-2→13→SA3-1→16→SQ4-1→19→KM3 线圈→20→KM2→21。

当手柄回到中间位置时,机械机构都已脱开,各行程开关也都已复位,接触器 KM2 和 KM3 都已释放,所以进给电动机 M3 停止,工作台也停止。

总结六个方向的运动:

向右进给时,SQ1-1 闭合→KM2 线圈得电→M3 得电正转;

向左进给时,SQ2-1 闭合→KM3 线圈得电→M3 得电反转;

向上、下进给时,SQ8-1 闭合→YC5 得电,进给电动机的传动机构与垂直方向传动机构相连;

向前、后进给时,SQ7-1 闭合→YC4 得电,进给电动机的传动机构与横向传动机构相连;

向下、前进给时,SQ3-1 闭合→KM2 线圈得电→M3 得电正转;

向上、后进给时,SQ4-1 闭合→KM3 线圈得电→M3 得电反转。

工作台的快速移动分析:

工作台的快速移动是为了缩短对刀时间。快速移动的控制电路如图 5-3-6 所示。

主轴起动以后,将操纵工作台进给的手柄扳到所需的运动方向,工作台就按操纵手柄指定的方向作进给运动(进给电动机的传动链使 M 与 A 或 B 或 C 相连,见图 5-3-5)。这时如按下快速移动按钮 SB3 或 SB4→接触器 KM4 线圈通电→KM4 常闭触点(102—108)断开→进给电磁离合器 YC2 失电。

同时 KM4 常开触点(102 107)闭合→电磁离合器 YC3 通电,接通快速移动传动链(进给电动机的传动链使 M 与 a 或 b 或 c 相连,见图 5－3－5)。工作台按原操作手柄指定的方向快速移动。当松开快速移动按钮 SB3 或 SB4→接触器 KM4 线圈断电→快速移动电磁离合器 YC3 断电,进给电磁离合器 YC2 得电,工作台就以原进给的速度和方向继续移动。

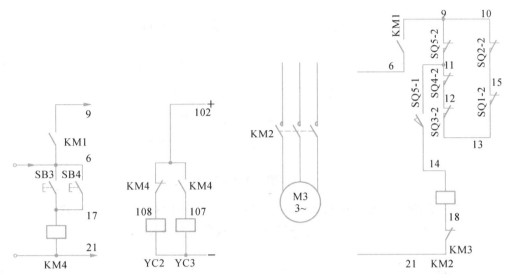

图 5－3－6 工作台快速移动控制电路   图 5－3－7 进给变速冲动控制电路

进给变速冲动分析:

为什么要变速冲动? 这是为了使进给变速时齿轮容易啮合。

先起动主轴电动机 M1,使接触器 KM1 线圈得电吸合,它在进给控制电路中的常开触点(6—9)闭合。

变速时将变速盘往外拉到极限位置,再把它转到所需的速度,最后将变速盘往里推。在推的过程中挡块压一下微动开关 SQ5,其常闭触点 SQ5－2(9—11)断开一下,同时其常开触点 SQ5－1(11—14)闭合一下,接触器 KM2 线圈短时得电吸合,进给电动机 M3 就转动一下。当变速盘推到原位时,变速后的齿轮已顺利啮合。

变速冲动的控制回路:6→KM1→9→SA3－3→10→SQ2－2→15→SQ1－2→13→SQ3－2→12→SQ4－2→11→SQ5－1→14→KM2 线圈→18→KM3→21。

圆形工作台时的控制分析:

圆工作台用于铣削圆弧和凸轮等曲线,由进给电动机 M3 经纵向传动机构拖动。其控制电路如图 5－3－8 所示。

将圆工作台转换开关 SA3 转到"接通"位置,SA3 的触点 SA3－1(13—16)断开、SA3－2(10—14)闭合、SA3－3(9—10)断开。同时将工作台的进给操纵手柄都扳到中间位置。

按下主轴起动按钮 SB5 或 SB6→接触器 KM1 吸合并自锁→KM1 的辅助常开触点(6—9)也同时闭合→接触器 KM2 线圈也紧接着得电吸合→进给电动机 M3 正向转动,拖动圆工作台转动。因为只能使接触器 KM2 线圈得电,KM3 线圈不能得电,所以圆工作台只能沿一个方向转动。

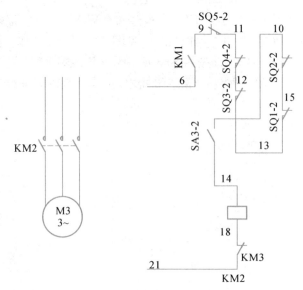

图 5 - 3 - 8   圆工作台的控制电路

圆工作台的控制回路是:6→KM1→9→SQ5 - 2→11→SQ4 - 2→12→SQ3 - 2→13→
SQ1 - 2→15→SQ2 - 2→10→SA3 - 2→14→KM2 线圈→18→KM3→21。

3. 照明电路

照明变压器 T 将 380 V 的交流电压降到 36 V 的安全电压,供照明用。照明电路由开关 SA4、SA5 分别控制灯泡 EL1、EL2。熔断器 FU3 用作照明电路的短路保护。

整流变压器 T_2 输出低压交流电,经桥式整流电路供给五个电磁离合器以 36 V 直流电源。控制变压器 T_1 输出 127 V 交流控制电压。

4. X6132 万能铣床电气线路常见故障原因分析与排除

(1) 主轴电动机 M1 不能起动

如果转换开关 SA2 在工作位置,则故障原因为:

① SQ6、SB1、SB2、SB5、SB6、KT 延时触点任一个接触不良或连线断路。

② 热继电器 FR1、FR2 动作后没有复位导致它们的常闭触点不能导通。

③ 接触器 KM1 线圈断路。

(2) 主轴电动机不能变速冲动或冲动时间过长

① SQ6 - 1 触点或者时间继电器 KT 的触点接触不良;

② 冲动时间过长的原因是时间继电器 KT 的延时太长;

(3) 工作台各个方向都不能进给

① 将 SA3 开关拨到"圆工作台"工作方式,起动主轴电动机。若 KM2 线圈得电,圆工作台工作正常,说明圆工作台的控制回路(6→KM1→9→SQ5 - 2→11→SQ4 - 2→12→SQ3 - 2→13→SQ1 - 2→15→SQ2 - 2→10→SA3 - 2→14→KM2 线圈→18→KM3→21)没有问题,工作台各个方向都不能进给的故障原因是工作台各个方向公共部分电路存在断路,此时检查 SA3(13—16)触点好坏及连接情况。

② 将 SA3 开关拨到"圆工作台"工作方式,起动主轴电动机。若 KM2 线圈不能得

电,说明圆工作台方式也不能正常工作,工作台各个方向都不能进给的故障原因是圆工作台和普通工作台工作的公共部分电路,此时检查 KM1 的辅助触点 KM1(6—9)FR3(22—23)以及触点好坏及连接情况。

（4）进给不能变速冲动

如果工作台能正常向各个方向进给,那么故障的可能原因是 SQ5-1 常开触点坏了。

（5）工作台能够左、右和前、下运动而不能后、上运动

由于工作台能左右运动,所以 SQ1-1、SQ2-1 没有故障;由于工作台能够向前、向下运动,所以 SQ7、SQ8、SQ3-1 没有故障,所以故障的可能原因是 SQ4 行程开关的常开触点 SQ4-1 接触不良。

（6）工作台能够左、右和前、后运动而不能上、下运动

由于工作台能左右运动,所以 SQ1、SQ2 没有故障;由于工作台能前后运动,所以 SQ3、SQ4、SQ7、YC4 没有故障,因此故障的可能原因是 SQ8 常开触点接触不良或 YC5 线圈坏了。

（7）工作台不能快速移动

如果工作台能够正常进给,那么故障的可能原因是 SB3 或 SB4、KM4 常开触点、YC3 线圈坏了。

（8）圆工作台不能工作

圆工作台不工作时,应将圆工作台转换开关 SA3 置"断开"位置,检查纵向和横向进给工作是否正常,排除四个位置开关（SQ1～SQ4）常闭触点之间联锁的故障。当纵向和横向进给正常后,圆工作台不工作故障只在 SA3-2 触点或其连线上。

四、理论知识

问题 1:X6132 万能铣床有哪些联锁保护环节？为什么要设置这些联锁？

问题 2:如何实现三相异步电动机的多地控制和顺序控制？

1. 进给的联锁

（1）主轴电动机与进给电动机之间的联锁

为什么设置这样的联锁？为了防止在主轴不转时,工件与铣刀相撞而损坏机床。

联锁的实现方法:在接触器 KM2 或 KM3 线圈回路中串联 KM1 辅助常开触点（6—9）。

（2）工作台不能几个方向同时移动

为什么设置这样的联锁？因为工作台两个以上方向同时进给容易造成事故。

联锁的实现方法:由于工作台的左右移动是由一个纵向进给手柄控制,同一时间内不会又向左又向右。工作台的上、下、前、后是由同一个十字手柄控制,同一时间内这四个方向也只能一个方向进给。所以只要保证两个操纵手柄都不在零位时,工作台不会沿两个方向同时进给即可。

将纵向进给手柄压下的微动开关 SQ1 和 SQ2 的常闭触点 SQ1-2(13—15)和 SQ2-2(10—15)串联在一起,再将垂直进给和横向进给的十字手柄压下的微动开关 SQ3 和 SQ4 的常闭触点 SQ3-2(12—13)和 SQ4-2(11—12)串联在一起,并将这两个串联电路再并联起来,以控制接触器 KM2 和 KM3 的线圈通路。如果两个操纵手柄都不在零位,

则有不同支路的两个微动开关被压下,其常闭触点的断开使两条并联支路都断开,进给电动机 M3 因接触器 KM2 和 KM3 的线圈都不能通电而不能转动。

(3) 进给变速时两个进给操纵手柄都必须在零位

为什么设置这样的联锁? 为了安全起见,进给变速冲动时不能有进给移动。

联锁的实现方法:SQ1、SQ2、SQ3、SQ4 的四个常闭触点 SQ1-2、SQ2-2、SQ3-2 和 SQ4-2 串联在 KM2 线圈回路。当进给变速冲动时,短时间压下微动开关 SQ5,其常闭触点 SQ5-2(9—11)断开,其常开触点 SQ5-1(11—14)闭合,如果有一个进给操纵手柄不在零位,则因微动开关常闭触点的断开而接触器 KM2 线圈不能得电吸合,进给电动机 M3 也就不能转动,防止了进给变速冲动时工作台的移动。

(4) 圆工作台的转动与工作台的进给运动不能同时进行

联锁实现方法是将 SQ1、SQ2、SQ3、SQ4 的四个常闭触点 SQ1-2、SQ2-2、SQ3-2、SQ4-2 串联在 KM2 线圈的回路中,

当万能转换开关 SA3 转到圆工作台"接通"位置时,两个进给手柄压下如果有一个进给操纵手柄不在零位,则微动开关 SQ1、SQ2、SQ3、SQ4 的四个常闭触点 SQ1-2、SQ2-2、SQ3-2、SQ4-2 因断开而使接触器 KM2 线圈不能得电吸合,进给电动机 M3 不能转动,圆工作台也就不能转动。只有两个操纵手柄恢复到零位,进给电动机 M3 方可旋转,圆工作台方可转动。

2. 常用电气联锁控制

(1) 多地控制

在一些大型生产机械和设备上,要求操作人员在不同方位能进行操作与控制,即实现多地控制。多地控制是用多组起动按钮、停止按钮来进行的,这些按钮连接的原则是:所有起动按钮的常开触点要并联,即逻辑"或"关系;所有停止按钮的常闭触点要串联,即逻辑"与"的关系。图 5-3-9 是三相异步电动机两地控制线路图。

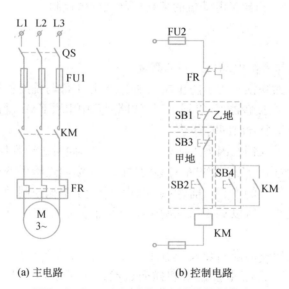

(a) 主电路   (b) 控制电路

图 5-3-9 三相异步电动机两地控制线路图

（2）顺序控制

在生产实际中,有些设备往往要求多台电动机按一定顺序实现起动和停止,如磨床上的电动机就要求先起动油泵电动机,再起动主轴电动机。本模块中,铣床上的进给电动机必须在主轴电动机起动后才能起动。顺序起停控制电路有顺序起动、同时停止控制电路和顺序起动、顺序停止的控制电路。图 5-3-10 为两台电动机顺序控制电路图,图中左图为两台电动机顺序控制主电路,图 5-3-10(a)为按顺序起动电路图,合上电源开关,按下起动按钮 SB2,KM1 线圈通电并自锁,电动机 M1 起动旋转,同时串在 KM2 线圈电路中的 KM1 辅助常开触点也闭合,此时再按下按钮 SB4,KM2 线圈通电并自锁,电动机 M2 起动旋转。如果先按下 SB4 按钮,因 KM1 辅助常开触点断开,电动机 M2 不可能先起动,达到按顺序起动 M1、M2 的目的。

生产机械除要求按顺序起动外,有时还要求按一定顺序停止。如带式输送机,前面的第一台运输机先起动,再起动后面的第二台;停车时应先停第二台,再停第一台,这样才不会造成物料在传送带上的堆积和滞留。图 5-3-10(b)为按顺序起动、逆序停止的控制电路,为此在图 5-3-10(a)基础上,将接触器 KM2 的辅助常开触点并接在第一台电动机停止按钮 SB1 的两端,这样,即使先按下 SB1,由于 KM2 线圈仍通电,电动机 M1 不会停转,只有按下 SB3,电动机 M2 先停后,再按下 SB1 才能使 M1 停转,达到先停 M2、后停 M1 的目的。

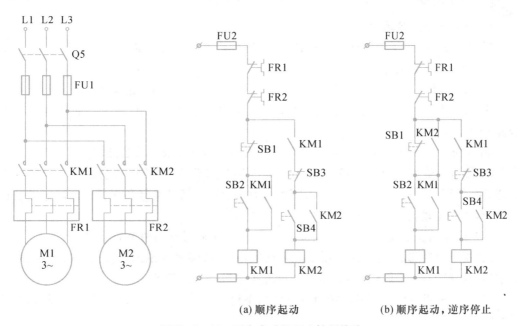

(a) 顺序起动　　　　(b) 顺序起动,逆序停止

图 5-3-10　两台电动机顺序控制线路

在许多顺序控制中,还要求有一定的时间间隔,此时往往用时间继电器来实现。图 5-3-11 是利用时间继电器控制的顺序起动电路,合上电源开关,按下起动按钮 SB2,KM1、KT 同时通电并自锁,电动机 M1 起动运转,当通电延时型时间继电器 KT 延时时间到,其延时闭合的常开触点闭合,接通 KM2 线圈电自锁,电动机 M2 起动旋转,同时KM2 辅助常闭触点断开,将时间继电器 KT 线圈电路切断,KT 不再工作,使 KT 仅在起动时起作用,尽量减少运行时电器使用数量。

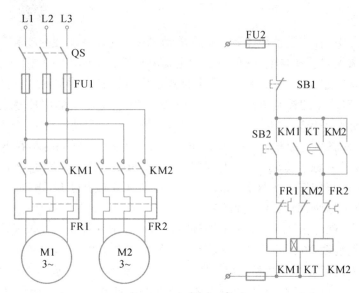

图 5-3-11　时间继电器控制的电动机顺序起动电路

五、拓展知识

1. 万能铣床排故练习

（1）在教师指导下对铣床进行操作，对照图纸熟悉元件及位置。

（2）观察、体会教师示范检修流程。

（3）在铣床上人为设置自然故障点，故障的设置应注意以下几点：

① 人为设置的故障必须是模拟铣床在工作中由于受外界因素影响而造成的自然故障。

② 不能设置更改线路或更换元件等由于人为原因而造成的非自然故障。

③ 设置故障不能损坏电路元器件，不能破坏线路美观；不能设置易造成人身事故的故障；尽量不设置易引起设备事故的故障，若有必要应在教师监督和现场密切注意的前提下进行，例如电动机主回路故障。

（4）故障的设置先易后难，先设置单个故障点，然后过渡到两个故障点。

① 故障检测前，先通过试车说出故障现象，分析故障大致范围，讲清拟采用的故障排除手段、检测流程，正确无误后方能在教师监护下进行检测训练。

② 找出故障点以后切断电源，仔细修复，不得扩大故障或产生新的故障；恢复后通电试车。

（5）典型故障

① 主轴电动机没有换刀制动状态。

② 主轴变速无变速冲动状态。

③ 在工作台前按下主轴电动机启动按钮 SB5，M1 不工作。

④ 横向和纵向进给工作正常，但无快速进给。

⑤ 工作台能左右进给，但上下进给不能运行。

⑥ 启动主轴后圆工作台工作正常，但没有纵向和横向进给运动。

2. 铣床排故评分标准

要求在 40 分钟内排除两个电气线路故障,评分标准如表 5 - 3 - 2。

表 5 - 3 - 2 铣床排故评分标准

序 号	项 目	评 分 标 准	配 分	扣 分	得 分
一	观察故障现象	两个故障,观察不出故障现象,每个扣 10 分	20		
二	故障分析	分析和判断故障范围,每个故障占 20 分。每一个故障,范围判断不正确每次扣 10 分;范围判断过大或过小,每超过一个元器件扣 5 分,扣完这个故障的 20 分为止	40		
三	故障排除	正确排除两个故障。不能排除故障,每个扣 20 分	40		
四	其他	不能正确使用仪表扣 10 分;拆卸无关的元器件、导线端子,每次扣 5 分;扩大故障范围,每个故障扣 5 分;违反电气安全操作规程,造成安全事故者酌情扣分	从总分倒扣		
开始时间		结束时间		成绩		评分人	

3. X6132 万能铣床机床电器位置认识

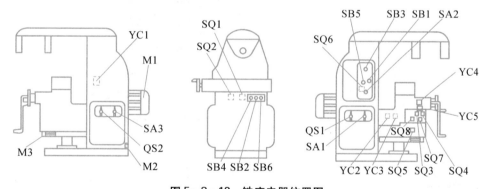

图 5 - 3 - 12 铣床电器位置图

表 5 - 3 - 3 X6132 万能铣床的主要电器清单

序 号	符 号	名 称 及 用 途
1	M1	主轴电动机
2	M2	冷却泵电动机
3	M3	进给电动机
4	QS1	电源开关
5	QS2	冷却泵电动机起停用转换开关
6	SA1	主轴正反转用转换开关
7	SA2	主轴制动和松开用主令开关

序　号	符　号	名称及用途
8	SA3	圆工作台转换开关
9	SB1	主轴停止制动按钮
10	SB2	主轴停止制动按钮
11	SB3	快速移动按钮
12	SB4	快速移动按钮
13	SB5	主轴起动按钮
14	SB6	主轴起动按钮
15	SQ1	向右用微动开关
16	SQ2	向左用微动开关
17	SQ3	向下、向前用微动开关
18	SQ4	向上、向后用微动开关
19	SQ5	进给变速冲动微动开关
20	SQ6	主轴变速冲动微动开关
21	SQ7	横向微动开关
22	SQ8	升降微动开关
23	YC1	主轴制动离合器
24	YC2	进给电磁离合器
25	YC3	快速移动电磁离合器
26	YC4	横向进给电磁离合器
27	YC5	升降进给电磁离合器

六、练习

1. 试述 X6132 万能铣床主轴变速的操作过程,在主轴转与主轴不转时,进行主轴变速,电路工作情况有何不同?

2. 简述 X6132 型万能铣床工作台向后进给时电路的工作过程。(写出相关手柄、开关的位置;操作过程;通电路径等)

3. 简述 X6132 型万能铣床园工作台工作时电路的工作过程。(写出相关手柄、开关的位置;操作过程;通电路径等)

4. X6132 万能铣床主轴停车时不能迅速停车,故障何在? 如何检查?

5. 若 X6132 万能铣床工作台只能左、右和前、下运动,不能进行后、上运动,故障原因是什么? 若工作台能左、右、前、后运动,不能进行上、下运动,故障原因又是什么?

自 测 题 五

一、选择题

1. C6140T普通车床控制电路中照明回路的电压最可能是(　　)。

　A．380 V AC　　　　　B．220 V AC　　　　　C．110 V AC　　　　　D．36 V AC

2. C6140T普通车床控制电路中,主轴电动机和冷却泵电动机的起动控制关系是
(　　)。

　A．点动　　　　　　　B．长动　　　　　　　C．两地控制　　　　　D．顺序控制

3. C6140T普通车床控制电路中,快速电动机的控制方法是(　　)。

　A．点动　　　　　　　B．长动　　　　　　　C．两地控制　　　　　D．顺序控制

4. C6140T普通车床主轴电动机停车制动采用(　　)方法。

　A．反接制动　　　　　　　　　　　　B．能耗制动

　C．电磁离合器制动　　　　　　　　　D．电磁抱闸制动

5. X6132型卧式万能铣床主轴电动机 M1 要求正反转,不用接触器控制而用万能转
换开关控制,是因为(　　)。

　A．改变转向不频繁　　　　　　　　　B．接触器易损坏

　C．操作安全方便　　　　　　　　　　D．以上都不是

6. X61322型卧式万能铣床主轴电动机的制动是(　　)。

　A．反接制动　　　　　　　　　　　　B．能耗制动

　C．电磁离合器制动　　　　　　　　　D．电磁抱闸制动

7. X6132型卧式万能铣床控制电路中快速移动的控制方式是(　　)。

　A．点动　　　　　　　　　　　　　　B．长动

　C．两地控制　　　　　　　　　　　　D．点动和两地控制

8. X6132型卧式万能铣床控制电路中,当工作台正在向左运动时突然扳动十字手柄
向上,则工作台(　　)。

　A．继续向上运动　　　　　　　　　　B．向上运动

　C．同时向左和向右运动　　　　　　　D．停止

9. 甲乙两个接触器,若要求甲接触器工作后方允许乙接触器工作,则应(　　)。

　A．在乙接触器的线圈电路中串入甲接触器的常开触点

　B．在乙接触器的线圈电路中串入甲接触器的常闭触点

　C．在甲接触器的线圈电路中串入乙接触器的常闭触点

　D．在甲接触器的线圈电路中串入乙接触器的常开触点

10. 在同一台三相异步电动机实现多地控制的电路中,起动按钮的常开触点应
(　　),停止按钮的常闭触点应(　　)。

A. 串联;并联　　　　B. 并联;串联　　　　C. 并联;并联　　　　D. 串联;串联

二、判断题

1. 电动葫芦上下前后控制均采用点动操作目的是为了安全起见。（　　　）

2. C6140T普通车床电气控制电路中,刀架快速移动电动机未设过载保护,是由于该电动机容量太小。（　　　）

3. C6140T普通车床控制电路中,主轴电动机、冷却泵电动机未设短路保护和过载保护,是由于电源开关使用了低压断路器。（　　　）

4. X6132型卧式万能铣床主轴电动机为满足顺铣和逆铣的工艺要求,要求有正反转控制,采用的方法是通过选择开关预置。（　　　）

5. X6132型卧式万能铣床主轴电动机和进给电动机控制电路中,设置变速冲动的目的是为了机床润滑的需要。（　　　）

6. X6132型卧式万能铣床若主轴电动机未起动,工作台也可以实现快速进给。（　　　）

7. 对于X6132型卧式万能铣床为了避免损坏刀具和机床,要求电动机M1、M2、M3中有一台过载,三台电动机都必须停止运动。（　　　）

8. X6132型卧式万能铣床控制电路中主轴电动机的起动和制动是两地控制的。（　　　）

9. X6132型卧式万能铣床控制电路中,在同一时间内工作台的左、右、上、下、前、后、旋转这七个运动中只能存在一个。（　　　）

10. X6132型卧式万能铣床控制电路中,当圆工作台正在旋转时扳动纵向手柄或十字手柄中的任意一个,圆工作台都将停止旋转。（　　　）

项目六
电气控制线路设计

作为一名电气技术人员,除了能对电气控制电路进行分析、安装、调试和维修外,还应该具有一定的电气控制系统的设计能力。本项目通过三个模块,使学生学会根据控制要求,利用经验设计法设计电气控制电路,并能够进行安装调试,培养综合运用电气控制专业知识解决实际工程技术问题的能力。

一、教学目标

1. 通过龙门刨床横梁升降控制线路设计举例,熟悉电气设计的方法、步骤、内容、原则等基础知识;

2. 通过双面钻孔专用组合机床电气控制原理图设计举例,了解机、电、液之间的联系,熟悉常用液压元件的功能和符号,能读懂液压元件的工作原理图和状态表,具备设计一个中等复杂程度的电气控制线路的能力;

3. 通过两台 37 kW 三相交流电动机控制设备的设计举例,了解电气控制系统设计的基本流程和设计任务,熟悉信息检索方法和电器标准等技术文件,能够正确设计和绘制电气控制设备的原理图、位置图和安装接线图,并能正确选择电器元件,编制设计说明书。

二、工作任务

1. 龙门刨床横梁升降控制线路设计;
2. 双面钻孔专用组合机床电气控制原理图设计;
3. 两台 37 kW 三相交流电动机的控制设备设计,以及主要元器件的选择。

模块一 龙门刨床横梁升降控制线路设计

一、教学目标

1. 熟悉电气设计的内容、原则、步骤等基础知识；
2. 能用经验设计法设计龙门刨床横梁升降控制线路。

二、工作任务

设计龙门刨床横梁升降控制线路。横梁升降机构的控制要求如下：

1. 龙门刨床上装有横梁机构，刀架装在横梁上，由于机床加工工件大小不同，要求横梁能沿立柱做上升、下降的调整移动。

2. 在加工过程中，横梁必须紧紧地夹在立柱上，不许松动。夹紧机构能实现横梁的夹紧和放松。横梁的上升与下降由横梁升降电动机来驱动，横梁的夹紧与放松由横梁夹紧放松电动机来驱动。

3. 在动作配合上，横梁夹紧与横梁移动之间的操作程序如下：

① 按向上或向下移动按钮后，首先使夹紧机构自动放松；

② 横梁放松到位后，自动转换为向上或向下移动；

③ 横梁向上或向下移动到所需要的位置后，松开向上或向下移动按钮，横梁自动夹紧；

④ 横梁夹紧后电动机自动停止运动。

4. 横梁在上升与下降时，应有上、下行程的限位保护。

5. 横梁夹紧与放松及横梁升降之间要有必要的联锁保护。

三、能力训练

1. 电气控制线路的设计方法及步骤

电气控制线路的设计方法有两种：一种是经验设计法，另一种是逻辑代数设计法。下面以经验设计法为例进行介绍。

所谓经验设计法，就是根据生产机械对拖动及控制的要求，确定拖动方案，设计出各个独立环节的控制电路或单元电路，然后再根据生产工艺要求，找出各个控制环节之间的相互关系，进一步拟订联锁控制电路及进行辅助电路的设计，最后再考虑减少电器与触点数目，努力取得较好的技术经济效果的一种设计方法。

（1）拖动方案的确定

拖动方案的确定,就是根据生产机械的结构、运动形式、负载性质、调速要求、控制特点等去确定电动机的型号及数量,是电气控制线路设计及元器件选择的依据,也是设计的重要部分。

电动机选择的原则是:

① 电动机的机械特性要与负载特性相适应,以保证加工过程中运行稳定,并具有一定的调速性能和良好的启动、制动能力。

② 工作过程中电动机容量能得到充分利用,即温升尽可能达到或接近允许温升。

③ 电动机的结构形式应满足机械设计提出的安装要求,并能适应工作环境条件。

同时,应当在满足生产机械拖动要求的前提下,优先考虑结构简单、价格便宜、使用维护方便的三相交流异步电动机。

(2) 电气控制线路的设计

电气控制线路设计是设计的核心内容。龙门刨床横梁升降机构的各项控制要求是通过控制线路来实现。

一般生产机械的电气控制线路设计主要包括主电路设计、控制电路设计和辅助电路设计三部分。设计的基本步骤是:

① 主电路的设计　主要考虑电动机的起动、点动、正反转、制动及多速电动机的调速。

② 控制电路的设计　主要考虑如何满足电动机的各种运转功能及生产工艺要求,包括实现加工过程自动或半自动控制等。

③ 辅助电路的设计　主要考虑如何完善整个控制电路的设计,包括短路、过载、零压、联锁、照明、信号等各种保护环节。

④ 反复审核电路是否满足设计要求　在条件允许的情况下,进行模拟调试,直至电路动作准确无误,并逐步完善整个电气控制电路的设计。

在具体的设计过程中常有两种做法:

① 根据生产机械的工艺要求,适当选用现有的典型环节,将它们有机地组合起来,并加以补充修改,综合成所需要的控制线路。

② 在找不到现成的典型环节时,可根据工艺要求自行设计,边分析边画图,随时增加所需的电器元件和触点,以满足给定的工作条件。

(3) 经验设计法的基本特点

① 这种方法易于掌握,使用很广,但一般不易获得最佳设计方案。

② 要求设计者具有一定的实际经验,在设计过程中往往会因考虑不周而发生差错,影响电路的可靠性。

③ 当线路达不到要求时,多用增加触点或元器件数量的方法来加以解决,所以设计出的线路常常不是最简单、经济的。

④ 需要反复修改草图,设计速度慢。

⑤ 一般要求进行模拟调试。

⑥ 设计过程不固定。

2. 经验设计法的设计举例

下面以龙门刨床横梁升降控制线路的设计过程为例来说明经验设计法的具体应用。

（1）主电路设计

根据横梁能上、下移动和能夹紧、放松的控制要求，需要用两台电动机来驱动，且需电动机能实现正反转。因此，采用 4 个接触器 KM1、KM2、KM3、KM4，分别控制升降电动机 M1 和夹紧放松电动机 M2 的正反转。具体设计如图 6-1-1(a)所示。

（2）基本控制电路设计

由于横梁的升降为调整运动，故升降电动机采用点动控制。因此采用两只点动按钮分别控制升降和夹紧放松运动。因为有 4 个接触器线圈需要控制，仅靠两只点动按钮是不够的，需要增加两个中间继电器 KA1 和 KA2。具体设计如图 6-1-1(b)所示。

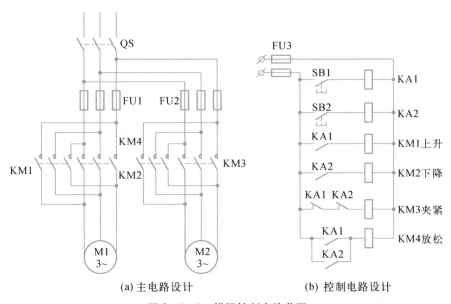

(a)主电路设计　　　　(b) 控制电路设计

图 6-1-1　横梁控制电路草图

综合以上两部分的设计，可以设计出横梁升降的总体控制线路草图，如图 6-1-2 所示。

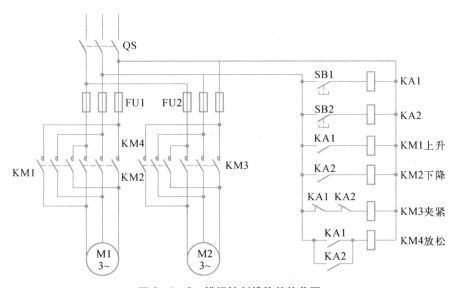

图 6-1-2　横梁控制线路总体草图

经仔细分析可知,该线路存在以下问题:

① 按上升点动按钮 SB1 后,接触器 KM1 和 KM4 同时得电吸合,横梁的上升与放松同时进行,没有先后之分,不能满足"夹紧机构先放松,横梁后移动"的工艺要求。按下降点动按钮 SB2,也出现类似情况。

② 放松接触器线圈 KM4 一直通电,使夹紧机构持续放松,没有设置检测元件检查横梁放松的程度。

③ 松开按钮 SB1,横梁不再上升,横梁夹紧线圈得电吸合,横梁持续夹紧,夹紧电动机不能自动停止。

根据以上问题,需要恰当地选择控制过程中的变化参量,实现上述横梁升降机构的控制要求。

（3）选择控制参量,确定控制原则,完善控制线路

反映横梁放松的参量,有时间参量和行程参量。由于行程参量更加直接地反映放松程度,因此采用行程开关 SQ1 检测放松程度,见图 6-1-3。当横梁放松到一定程度时,其压块压动 SQ1,使常闭触点 SQ1 断开,表示横梁已经放松,接触器 KM4 线圈失电;同时,常开触点 SQ1 闭合,使上升或下降接触器 KM1 和 KM2 通电,横梁向上或向下移动。

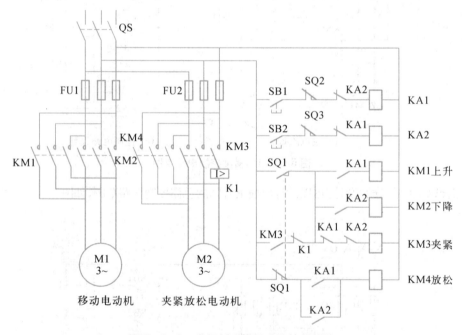

图 6-1-3　龙门刨床横梁升降控制线路

反映夹紧程度的参量有时间参量、行程参量和反映夹紧力的电流参量。若用时间参量,不易调整准确;若用行程参量,当夹紧机构磨损后,测量也不准确。在此选用反映夹紧力的电流参量比较适宜,因为夹紧力大,电流也大,故可以借助过电流继电器来检查夹紧程度。在图 6-1-3 中,在夹紧电动机 M2 的夹紧方向的主电路中串入过电流继电器 KI,将其动作电流整定在额定电流的两倍左右。过电流继电器 KI 的常闭触点串接在接触器 KM3 电路中。当夹紧横梁时,夹紧电动机电流逐渐增大,当超过过电流继电器整定值时,KI 的常闭触点断开,KM3 线圈失电,自动停止夹紧电动机的工作。

（4）联锁、保护环节设计

根据设计要求，横梁在上升与下降时应有上下行程的限位保护，同时横梁的夹紧与放松之间，以及横梁升降之间要有必要的联锁保护。采用行程开关 SQ2 和 SQ3 分别实现横梁上、下行程的限位保护；采用行程开关 SQ1 反映放松信号，而且还实现了横梁移动和横梁夹紧之间的联锁作用；采用中间继电器 KA1、KA2 的常闭触点实现了横梁移动电动机和夹紧电动机正反向运动的联锁保护；采用熔断器 FU1 和 FU2 实现短路保护。

（5）电气控制线路的完善和校核

控制线路设计完毕后，往往还有不合理的地方，或者还有需要进一步简化之处，应认真仔细校核。特别是应该对照生产机械工艺要求，反复分析所设计线路是否能逐条予以实现，是否会出现误动作，是否保证了设备和人身安全等。在此，再次对图 6-1-3 所示线路的工作过程加以审核。

按下横梁上升点动按钮 SB1，由于行程开关 SQ1 的常开触点没有压合，升降电动机 M1 不工作，先使夹紧放松电动机工作，KM4 线圈得电，M2 正转，将横梁放松。当横梁放松到一定程度时，夹紧装置将 SQ1 压下，其常开触点闭合，常闭触点断开，发出放松信号。于是夹紧放松电动机停止工作（KM4 线圈失电），并使升降电动机 M1 起动工作，驱动横梁在放松状态下向上移动。

当横梁移动到所需位置时，松开上升点动按钮 SB1，使升降电动机 M1 停止工作（KM1 线圈失电）。由于横梁处于放松状态，SQ1 的常开触点一直闭合，同时接通了夹紧放松电动机 M2（KM3 线圈得电），使 M2 反向工作。刚起动时，起动电流较大，过电流继电器 KI 动作，但是由于 SQ1 的常开触点闭合，保证 KM3 线圈仍然得电吸合并自锁。横梁开始夹紧，在夹紧到一定程度时，发出夹紧信号，过电流继电器 KI 的常闭触点断开，切断夹紧放松电动机电源（KM3 线圈失电），上升过程到此结束。

横梁下降的操作过程与横梁上升的操作过程相似，请读者自行分析。

通过以上审核可知，图 6-1-3 所示线路可以满足生产工艺的各项要求。到此，横梁升降机构控制线路设计完毕。

一般来说，对不太复杂的电气控制线路都可采用经验设计方法进行设计。掌握较多的典型环节，具备较丰富的实践经验和熟练的设计技巧，对设计工作更加有益。而对于复杂的电路，则宜采用逻辑设计法进行设计，在后面拓展部分加以介绍，在此不再多述。

四、理论知识

1. 电气控制设计的基本内容

（1）电气控制设计内容

① 拟订设计任务书。

② 选择合理的拖动方案和控制方式。

③ 确定电动机的类型、容量、转速等，并选择具体型号。

④ 设计并绘制电气原理图，计算主要技术参数。

⑤ 选择电气元件，制定元器件目录表。

⑥ 对原理图各连接点进行编号。

⑦ 编制设计说明书。

（2）电气工艺设计内容

电气工艺设计是为了方便组织电气控制装置的制造,实现电气原理设计要求的各项技术指标,为控制装置的调试、维护及使用提供图纸资料。依据电气原理图(包括元器件目录表),绘制电气工艺图纸。电气工艺设计主要内容如下:

① 电器元件布置图的设计与绘制。

② 电气组件和元件的安装、接线图的绘制。

③ 电气箱及非标准零件图的设计。

④ 各类元器件及材料清单的汇总。

⑤ 编写设计说明书和使用维护说明书。

2. 电气设计的技术条件

作为电气设计依据的技术条件通常是以设计任务书的形式表达的。在任务书中,除应简要说明所设计的机械设备的型号、用途、工艺过程、技术性能、传动方式、工作条件、使用环境以外,还必须着重说明以下几点:

① 用户供电系统的电压等级、频率、容量及电流种类,即交流(AC)类或直流(DC)类。

② 有关操作方面的要求,如操作台的布置,操作按钮的设置和作用,测量仪表的种类,故障报警和局部照明要求等。

③ 有关电气控制的特性,如电气控制的方式(手动还是自动等),工作循环的组成,动作程序,限位设置,电气保护及联锁条件等。

④ 有关电力拖动的基本特性,如电动机的数量和用途,各主要电动机的负载特性,调整范围和方法,以及对起动、反向和制动的要求等。

⑤ 生产机械主要电气设备(如电动机、执行电器和行程开关等)的布置草图和参数。

⑥ 目标成本、经费限额、验收标准及验收方式。

3. 电气控制方案的确定

合理选择电气控制方案是安全、可靠、优质、经济地实现工艺要求的重要环节。在相同的设计条件下达到同样的控制指标,可以有几种电路结构和控制形式,往往要经过反复比较,综合考虑其性能、设备投资、使用周期、维护检修、发展趋势等各方面因素,才能最后确定选用哪种方案。选择控制方案应遵循的主要原则是:

（1）自动化程度要与生产实践相适应

要尽可能采用最新的科技成果,提高电气控制的技术含量,同时要考虑到与企业经济实力相适应,不可脱离生产实际。

（2）控制方式应与设备通用化和专用化的程度相适应

对于一般的普通机床和专用机械设备,其工作程序往往是固定的,使用时并不需要改变原有的工作程序。若采用传统的接触器继电器控制系统,其控制电路在结构上接成固定式的,可以最大限度地简化控制线路,降低设备投资。对于经常变换加工对象和需要经常变化加工程序的生产机械,则可采用可编程控制器控制。

目前,新型工业控制器及标准系列控制系统已经进入机床、自动线、机械手的控制领域,并显示出灵活、可靠、控制功能强、体积小、损耗低等优越性,越来越受到电气工程技术人员的青睐。

（3）控制方式随控制过程的复杂程度而变化

在生产机械自动控制过程中，根据控制要求和联锁条件的复杂程度不同，可以采用分散控制或集中控制方案。但是各台电动机的控制方案和基本控制环节应尽量一致，以便简化设计和制造过程。

（4）控制系统的工作方式应在经济、安全的前提下最大限度地满足工艺要求

选择工作方式，应考虑采用自动或半自动工作方式，并考虑手动调整、工序变更、系统检测及各个动作之间的联锁，同时还要考虑各种安全保护、故障诊断、信号指示、照明及人机关系等。

（5）控制电路的电源选择

当控制系统所用电器数量较多时，可采用直流低压供电；简单的控制电路可直接由电网供电；当控制电动机较多，线路较复杂，可靠性要求较高时，可采用控制变压器隔离并降压。

4. 电气设计的一般原则

当生产机械电气设计的技术条件和电气控制方案确定后，就可以进行具体电气控制线路的设计了。由于设计是灵活多变的，不同的设计人员可以有不同的设计思路，但在设计时应遵循以下原则：

（1）最大限度地实现生产机械和生产工艺对电气控制线路的要求

在设计之前，要调查清楚生产工艺要求，对生产机械的工作性能、结构特点和实际加工情况有充分的了解。生产工艺要求一般是由机械设计人员提供的，常常是一般性的原则意见，这就需要电气设计人员深入现场，对同类或接近的产品进行调查，收集资料，加以分析和综合，并在此基础上来考虑控制方式、正反向运行、起动方法、电气制动及调速的要求，并设置各种联锁及保护装置。

（2）在满足生产要求的前提下，力求使控制线路简单、经济

① 尽量选用标准的、常用的或经过实际考验过的环节和线路；

② 尽量缩小连接导线的数量和长度。

设计控制线路时，应合理安排各电器的位置，考虑到各个元件之间的实际接线，要注意电气柜、操作台和限位开关之间的连接线。如图 6-1-4 所示：图（a）所示的接线不合理，因为按钮（起动、停止）装在操作台上，接触器装在电气柜内，照该图（a）接线就需要由电气柜引出 4 根导线连接到操作台的按钮上；图（b）所示的线路是合理的，它将起动按钮和停止按钮直接连接，两个按钮之间的距离最短，这样，只需要从电气柜内引 3 根导线到操作台的按钮上。

(a) 不合理　　　　　　　　　　　(b) 合理

图 6-1-4　电路连接图

③ 尽量减少电器的数量，采用标准件，并尽可能选用相同型号的电器元件。

④ 尽量减少不必要的触点，简化电路。

在满足动作要求的条件下，元器件愈少则其触点也愈少，控制线路的故障概率就愈低，工作的可靠性就愈高。减少触点常用的方法有：

a. 合并同类触点。如图 6-1-5 所示，在获得同样功能情况下，图(b)比图(a)在电路上少了一对触点。但是在合并触点时应注意触点对额定电流值的限制。

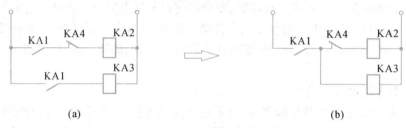

(a)   (b)

图 6-1-5　同类触点的合并

b. 利用中间触点。利用中间继电器，将两对触点合并成一对触点，如图 6-1-6 所示。

(a)   (b)

图 6-1-6　中间触点的应用

c. 利用半导体二极管的单向导电性来有效地减少触点数，如图 6-1-7 所示。对于弱电电气控制电路，这样做既经济又可靠。

(a)   (b)

图 6-1-7　利用二极管等效

d. 尽量减少电气线路的电源种类。电气线路的电源有交流和直流两大类，接触器和继电器等也有交直流两大类，要尽量采用同一类电源。电压等级应符合标准等级，如交流电源一般有 380 V、220 V、127 V、110 V、36 V、24 V 和 6.3 V，直流电源有 12 V、24 V、48 V 和 110 V 等。

e. 尽量减少电器不必要的通电时间。由图 6-1-8(a)可知，KM2 线圈得电后，接触器 KM1 和时间继电器 KT 就失去了作用，不必继续通电。图 6-1-8(b)线路比较合理，在 KM2 线圈得电后，切断了 KM1 和 KT 线圈的电源，不但节约了电能，还延长了该电路的寿命。

（3）保证线路工作的可靠性

为保证电气控制线路工作的可靠性，应注意以下几点：

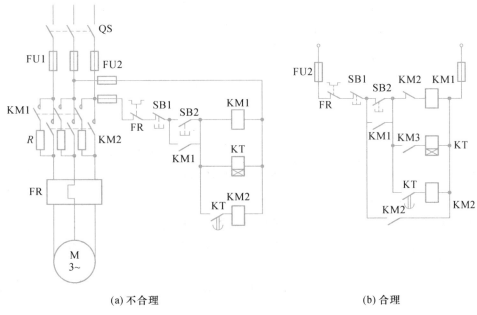

(a) 不合理　　　　　　　　　　　　　(b) 合理

图 6-1-8　减少通电电器

① 选用的元器件要可靠、牢固,动作时间少,抗干扰性能好。

② 正确连接电器的线圈。

在交流控制电路中不能串联接入两个电器元件的工作线圈,即使外加电压是两个线圈额定电压之和,也不允许,如图6-1-9(a)所示。因为每个线圈上所分配到的电压与线圈阻抗成正比,两个电器动作总是有先有后,不可能同时吸合。若KM2先吸合,线圈电感显著增加,其阻抗比未吸合的接触器 KM1 的阻抗大,因而在该线圈上的电压降增大,使KM1 的线圈电压达不到动作电压。因此,若两个电器同时动作时,其线圈应该并联连接,如图 6-1-9(b)所示。

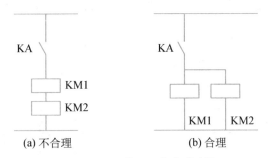

(a) 不合理　　　　　　　　　　(b) 合理

图 6-1-9　线圈不能串联连接

③ 合理安排电器元件及触点位置。

对于一个串联回路,各电器元件或触点位置互换,并不影响其工作原理,但从实际连线上,却影响到安全、节省导线等方面的问题。如图 6-1-10 所示,两种接法原理相同,但图 6-1-10(a)接法既不安全,又浪费导线,因为行程开关 SQ 的常开、常闭触点靠得很近,在触点分断时,由于电弧的存在,可能造成电源短路,同时还会造成引出线增多,因此很不合理。而图 6-1-10(b)的接法较为合理。

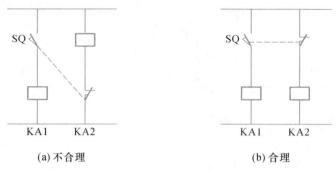

(a) 不合理   (b) 合理

图 6-1-10　正确连接电器的触点

④ 确保继电器触点容量。

在控制线路中,采用小容量继电器的触点来断开或接通大容量接触器的线圈时,要考虑继电器触点容量是否足够,不够时必须加小容量的接触器或中间继电器,否则工作不可靠。

⑤ 正确选择接触器的型号。

在频繁操作的可逆线路中,正、反向接触器应选加重型的接触器,同时应有电气和机械的联锁。

⑥ 在电气控制线路中应尽量避免多个电器依次动作才能接通另一个电器的控制线路。

⑦ 避免"临界竞争和冒险现象"的产生。

图 6-1-11 为一个产生这种现象的典型电路。电路的本意是:按下 SB2 后,KM1、KT 通电,电动机 M1 运转,延时一定时间后,电动机 M1 停转而 M2 运转。但线路在正式运行时,有时候可以正常实现,有时候就不能。其主要原因在于设计不可靠,存在临界竞争现象。如图 6-1-11(a)所示,KT 延时到后,其延时常闭触点由于机械运动原因先断开,而延时常开触点后闭合,当延时常闭触点先断开后,KT 线圈随即断电,由于磁场不能突变为零和衔铁复位需要时间,故有时候延时常开触点来不及闭合,但是有时还会受到某些干扰而失控。若将 KT 延时常闭触点换上 KM2 常闭触点后,就绝对可靠了,如图 6-1-11(b)所示。

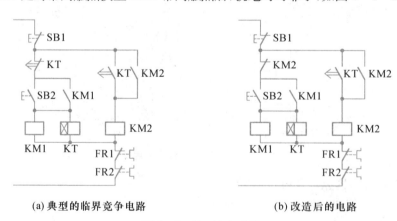

(a) 典型的临界竞争电路   (b) 改造后的电路

图 6-1-11　竞争电路

⑧ 采用正确的起动方法。

根据现场电网的情况(如电网容量、电压、频率,以及允许的冲击电流值等),决定电动机应该直接或间接(减压)起动。

⑨ 防止出现寄生电路。

所谓寄生电路,是指在电气控制电路动作过程中,不是由于误操作而产生的意外接通的电路。若在控制电路中存在着寄生电路,将破坏电器和电路的正常工作,造成线路的误动作。图 6-1-12 为一个具有指示灯和过载保护的电动机正反转控制电路。在正常工作时,能完成正反向起动、停止控制信号指示。但当热继电器 FR 动作后,电路中就出现了寄生电路(如虚线所示),使 KM1(或 KM2)不能可靠释放,从而起不到过载保护作用。

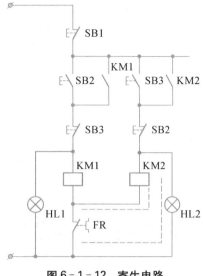

图 6-1-12 寄生电路

(4) 应具有必要的保护环节,确保线路的安全性

电气控制电路在故障情况下,应能保证操作人员、电气设备、生产机械的安全,并能有效地防止故障扩大。为此,在电气控制电路中应采取一定的保护措施。常用的保护措施有漏电开关保护和过载、短路、过电流、过电压、零压、联锁与限位保护等。必要时还应考虑设置电源指示、故障指示、安全运行指示等指示信号。

同时,在主电路采用三相四线制或变压器采用中点接地的三相三线制的供电电路中,三相短路保护是十分必要的。

图 6-1-13(a)为采用熔断器做短路保护的电路。当主电动机容量较大时,在控制电路中必须单独设置短路保护熔断器 FU2。当主电动机容量较小,控制电路不需另设 FU2 时,主电路中的熔断器也可作为控制电路的短路保护。

图 6-1-13(b)为采用自动开关做短路保护和过载保护的电路。其中,过电流线圈具有反时限特性,用做短路保护,热元件用做过载保护。线路发生故障时自动开关动作,处理故障完毕后,只要重新合上开关,电路即能重新运行。

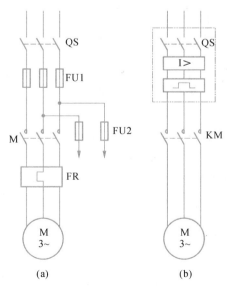

图 6-1-13 短路保护

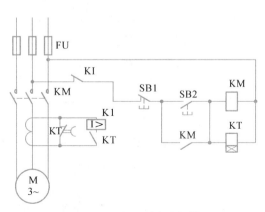

图 6-1-14 过电流保护

过电流保护如图 6-1-14 所示。当电动机起动时,时间继电器 KT 延时断开的常开触点还未断开,故过电流继电器 KI 的线圈不接入电路,尽管此时起动电流很大,过电流继电器仍不动作;当起动结束后,KT 的常闭触点经过延时已断开,将过电流继电器线圈接入电路,过电流继电器才开始保护。

（5）操作和维护方便

电气控制电路应从操作与维修人员实际工作出发,力求操作简单、维修方便。电器元件应留有备用器件,以便检修、改接线用。同时应设置隔离电器,以免带电检修。控制机构应操作简单、便利,能迅速而方便地由一种控制方式转换到另一种控制方式,例如由手动控制转换到自动控制。

五、拓展知识

经验设计法是常用的设计方法,简单实用,但设计的线路需反复验证、调试、修改,设计周期长。而逻辑设计法设计精度高,但计算量比较大,在实际设计过程中,可以将逻辑设计法作为经验设计法的补充,从而来缩短设计周期。

所谓逻辑设计法,就是利用逻辑代数这一数学工具,从生产工艺出发,在状态图的基础上,将控制电路中的接触器继电器线圈的通断电,触点的闭合与断开,以及主令元件的接通与断开等均看成逻辑变量,全面考虑控制电路中逻辑变量之间的逻辑关系,按照一定逻辑进行设计的方法。

传统的逻辑设计法烦琐,不直观,尤其是对待相区分组的处理上更为复杂困难。而在状态图基础上进行逻辑设计比较直观、简便,用该方法设计出的线路较为合理、精练、可靠,能充分发挥元件的作用。当给定条件变化时,还能够指出对电路做相应变化的内在规律。因此,在设计复杂的控制线路时,逻辑设计法的优势更加突出。

1. 逻辑代数中逻辑变量和逻辑函数

逻辑代数又称为布尔代数或开关代数,是分析和设计继电器、接触器控制电路的有力工具。

（1）逻辑变量

作为电气控制的继电器、接触器等元件只有两种工作状态,即线圈的得电和失电,触点的闭合和断开,且这两种状态是两个对立的、稳定的物理状态,在逻辑代数中,把这两种物理状态的量称为逻辑变量。

在继电器接触器控制线路中,每个电器的线圈、触点都相当于一个逻辑变量,它们都具有两个对立的稳定的物理状态,故可用"逻辑 0"和"逻辑 1"来表示。在任何一个逻辑问题中,"逻辑 0 态"和"逻辑 1 态"都具有明确的物理意义,在继电器接触器控制线路中明确规定:元器件的线圈得电为"1"状态,线圈失电为"0"状态;触点闭合为"1"状态,触点断开为"0"状态。若电器元件 A、B、C……的常开触点分别用 a、b、c……表示,则对应的常闭触点则用 $\bar{a}$、$\bar{b}$、$\bar{c}$……表示。

（2）逻辑函数

在继电器接触器控制线路中,通常把表征触点状态的逻辑变量称为输入逻辑变量,把表征继电器、接触器等受控元件的逻辑变量称为输出逻辑变量,如图 6-1-15 所示。

KA、$\overline{SB}$为输入逻辑变量,KM为输出逻辑变量,从图中可以看出,输出逻辑变量的取值是随各输入逻辑变量取值的变化而变化的。输入、输出逻辑变量的这种相互关系,用数学语言来描述就是一种逻辑函数关系。图6-1-15中KM是KA、$\overline{SB}$的逻辑函数,可记为:$KM = KA \cdot \overline{SB}$。

图6-1-15　逻辑函数表达式 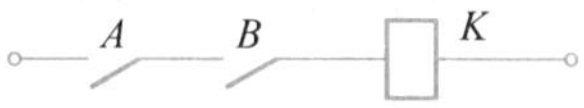　　　　图6-1-16　"与"逻辑电路

2. 逻辑代数的运算法则

（1）逻辑与

表示触点的串联逻辑,图6-1-16中的"逻辑与"实现了电路的串联运算,用符号"·"表示,其公式为:

$$K = A \cdot B \qquad (6-1-1)$$

该式的含义是:只有当$A=1$,同时$B=1$时,$K=1$,否则为$K=0$。对于电路来说,只有当触点A与B都闭合时,线圈K才得电。

显然,"逻辑与"的运算规则是:

$$0 \cdot 0 = 0; 0 \cdot 1 = 0$$
$$1 \cdot 0 = 0; 1 \cdot 1 = 1$$

（2）逻辑或

表示触点的并联逻辑,图6-1-17中的"逻辑或"实现了电路的并联运算,用符号"＋"表示,其公式为:

$$K = A + B \qquad (6-1-2)$$

该式的含义是:当$A=1$或$B=1$时,$K=1$。对于电路来说,触点A或B任一个闭合时,线圈K都得电。

"逻辑或"的运算法则是:

$$0 + 0 = 0; 0 + 1 = 1$$
$$1 + 0 = 1; 1 + 1 = 1$$

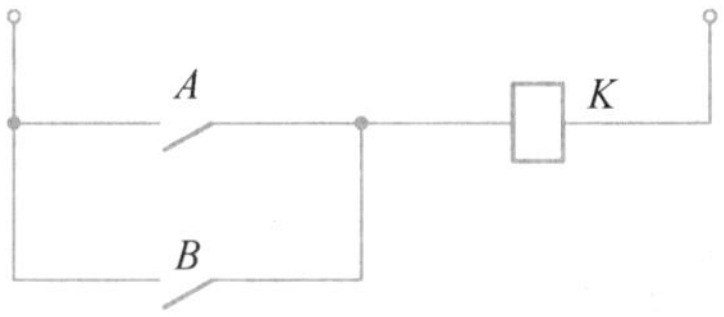

图6-1-17　"或"逻辑电路 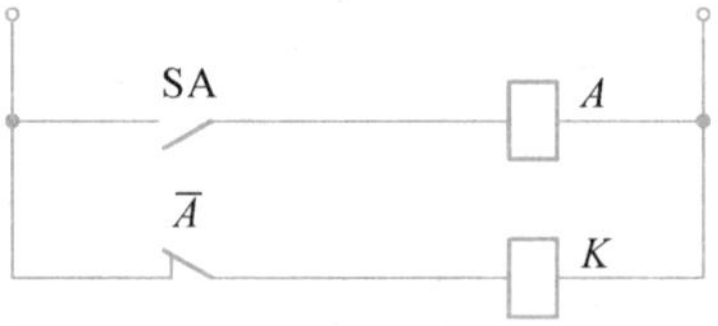　　　　图6-1-18　"逻辑非"电路

（3）逻辑非

表示触点的取反逻辑,图6-1-18中的"逻辑非"实现了电路取反运算。其表达式为:

$$K = \overline{A} \qquad (6-1-3)$$

当合上SA,线圈$A=1$,触点$\overline{A}=0$,则线圈$K=0$,线圈不得电。当打开SA时,线圈

$A=0$,触点 $\overline{A}=1$,则 $K=1$,线圈得电吸合,为"1"状态。

"逻辑非"的运算规则:

$$\overline{0}=1; \overline{1}=0$$

3. 逻辑代数的基本定律和逻辑函数的简化

| 交换律 | $A \cdot B = B \cdot A; A+B=B+A$ |

交换律 $A \cdot B = B \cdot A; A+B=B+A$

结合律 $A \cdot (B \cdot C) = (A \cdot B) \cdot C$

$A+(B+C)=(A+B)+C$

分配律 $A(B+C)=AB+AC$

$A+BC=(A+B) \cdot (A+C)$

吸收律 $A+AB=A; A \cdot (A+B)=A$

$A+\overline{A}B=A+B; \overline{A}+AB=\overline{A}+B$

重叠律 $A \cdot A = A; A+A=A$

互补律 $A+\overline{A}=1; A \cdot \overline{A}=0$

非非律 $\overline{\overline{A}}=A$

反演律(摩根定律) $\overline{A+B}=\overline{A} \cdot \overline{B}; \overline{A \cdot B}=\overline{A}+\overline{B}$

对于较简单的逻辑函数,可以利用逻辑代数的基本定律和运算法则,并综合运用并项、扩项、提取公因子等方法进行化简。

化简中常用到的基本恒等式有:

$$A+0=A; A \cdot 1 = A$$
$$A+1=1; A \cdot 0 = 0$$
$$A+\overline{A}=1; A \cdot \overline{A}=0$$

例1 $F=ABC+\overline{A}B+AB\overline{C}=AB(C+\overline{C})+\overline{A}B$
        $=AB+\overline{A}B=(A+\overline{A})B$
        $=B$

例2 $F=\overline{\overline{A}B}+A\overline{B}C=A\overline{B}+A\overline{B}C$
        $=A\overline{B}(1+C)$
        $=A\overline{B}$

例3 $F=A\overline{B}+\overline{B}\,\overline{C}+AC=A\overline{B}(C+\overline{C})+\overline{B}\,\overline{C}+AC$
        $=A\overline{B}C+A\overline{B}\,\overline{C}+\overline{B}\,\overline{C}+AC$
        $=(A+1)\overline{B}\,\overline{C}+(\overline{B}+1)AC$
        $=\overline{B}\,\overline{C}+AC$

4. 继电器开关的逻辑函数

继电器接触器线路是开关线路,符合逻辑规律。通过图6-1-19两个简单线路对其逻辑函数表达式的运算规律加以说明。

图 6-1-19 起、保、停电路的逻辑函数

图 6-1-19(a)、(b) 为两个简单的起、保、停电路。按原约定,常闭触点以"逻辑非"表示。线路中 SB1 为起动信号,$\overline{SB2}$ 为停止信号(关断),线圈 K 的常开触点 K 为自锁信号,对图(a)和图(b)可分别写出逻辑函数为:

$$f_{ka} = SB1 + (\overline{SB2} \cdot K) \qquad (6-1-4)$$

$$f_{kb} = \overline{SB2} \cdot (SB1 + K) \qquad (6-1-5)$$

其一般形式为:

$$f_{ka} = X_{开} + (X_{关} \cdot K) \qquad (6-1-6)$$

$$f_{kb} = X_{关} \cdot (X_{开} + K) \qquad (6-1-7)$$

其中:$X_{开}$——开启信号;

　　　$X_{关}$——关断信号;

　　　K——自锁信号;

　　　f_k——继电器 K 的逻辑函数。

在实际的起、保、停电路往往有联锁条件。如动力头主轴电动机必须在滑台停在原位时才能起动,滑台进给到需要位置时,才允许主轴电动机停止。因此,对开启信号及关断信号都增加了约束条件。当开启的转换主指令信号不止一个,要求具备其他条件才能开启时,则开启信号用 $X_{开主}$ 表示,其他条件称为关断的约束信号,以 $X_{开约}$ 表示。显然,只有条件都具备才能开启,说明 $X_{开主}$ 与 $X_{开约}$ 是"与"的逻辑关系。当关断信号不止一个,要求具备其他条件才能关断时,则关断信号用 $X_{关主}$ 表示,其他条件称为关断的约束信号,以 $X_{关约}$ 表示。显然,$X_{关主}$ 与 $X_{关约}$ 全为"0"时才能关断。若 $X_{关主}=0$,而 $X_{关约}=1$,不具备关断条件,则不能关断,所以二者是"或"的逻辑关系。因而用 $X_{开主} \cdot X_{开约}$ 代替 $X_{开}$,用 $X_{关主} + X_{关约}$ 代替 $X_{关}$,可将式(6-1-6)和式(6-1-7)扩展成式(6-1-8)和式(6-1-9)。

$$f_{ka} = X_{开主} \cdot X_{开约} + (X_{关主} + X_{关约})K \qquad (6-1-8)$$

$$f_{kb} = (X_{关主} + X_{关约})(X_{开主} \cdot X_{开约} + K) \qquad (6-1-9)$$

利用式(6-1-8)和式(6-1-9)可设计具有开启条件和关断条件的动力主轴电动机起动线路。若滑台在原位,压行程开关 SQ1;进给到需要位置时,压行程开关 SQ2。起动按钮为 SB1,停止按钮为 SB2。其中,$X_{开主} = SB1$,$X_{开约} = SQ1$,$X_{关注} = \overline{SB2}$,$X_{关约} = \overline{SQ2}$。

由式(6-1-8)得

$$f_{ka} = SB1 \cdot SQ1 + (\overline{SB2} + \overline{SQ2})K \qquad (6-1-10)$$

由式(6-1-9)得

$$f_{kb} = (\overline{SB2} + \overline{SQ2})(SB1 \cdot SQ1 + K) \qquad (6-1-11)$$

则式(6-1-10)和式(6-1-11)对应的逻辑线路如图6-1-20(a)、(b)所示。

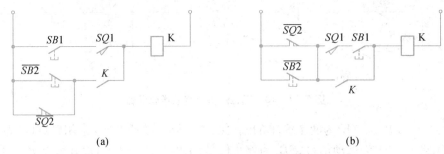

(a)   (b)

图6-1-20 动力头控制电路

5. 逻辑设计法的一般步骤

(1) 按工艺要求画出工作循环图;

(2) 按工作循环图画出主令元件、检测元件和执行元件等的状态图;

(3) 根据状态图,列写执行元件(输出元件)的逻辑函数式;

(4) 根据逻辑函数式画出电路结构图;

(5) 进一步检查、化简和完善电路,增加必要的联锁、保护等辅助环节。

六、练习

1. 简述确定电力拖动方案的原则。

2. 设计一个小车运行的控制线路,小车由三相交流异步电动机拖动,其动作要求如下:

① 小车由原位开始前进,到终端后自动停止;

② 在终端停留3秒钟后自动返回原位停止;

③ 要求能在前进或后退途中任意位置都能停止或起动。

模块二　双面钻孔专用组合机床
电气控制原理图设计

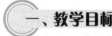

一、教学目标

1. 熟悉常用液压元件的符号及功能，能读懂液压原理图及其各执行元件及主令元件的工作状态表；

2. 掌握一般组合机床电力拖动方案的确定原则，能针对不同生产机械正确计算电动机的容量，并能根据使用的环境正确选择拖动电机；

3. 根据设计要求及工艺要求，正确分析双面钻孔专用组合机床的动作流程，并能根据动作流程设计液压传动与电气控制相结合的电液控制电路。

二、工作任务

根据工艺要求设计双面钻孔专用组合机床的电气控制原理图。

1. 工作任务概述

双面钻孔专用组合机床可在工件的两端面同时钻孔，其液压原理如图 6-2-1 所示。图中所用液压泵的规格为：10 ml/r，1 500 r/min，4 MPa。左右钻削头的最大钻削直径为 25 mm。所有电磁阀线圈电压为直流 24 V，额定电流为 1 A。SQ1～SQ4 为行程开关，型号为 JLXK1，额定电压为交流 500 V、直流 440 V，额定电流为 5 A，常开常闭触点各一个。SP 为压力继电器，额定电压为 380 V，额定电流为 5 A，常开、常闭触点各一个（有一公共端点），0.4—31.5 MPa。另外，还配置了冷却泵。

当液压泵起动以后，本机床能进行自动循环加工，其执行元件及主令元件的状态变化如表 6-2-1 所示。

表 6-2-1　执行元件及主令元件的状态表

步	名称	转换主令	执 行 元 件						主 令 元 件									
			YA					行程阀	SB	SQ				行挡铁	止挡铁	SP	KTI		KT2	
			1	2	3	4	5			1	2	3	4				L	D	L	D
1	夹紧	SB			1		1		1 0	1										

步	名称	转换主令	YA1	YA2	YA3	YA4	YA5	行程阀	SB	SQ1	SQ2	SQ3	SQ4	行挡铁	止挡铁	SP	KT1-L	KT1-D	KT2-L	KT2-D
2	快进	SP	1		1	1				1 0						1				
3	工进1	行挡	1		1	1		1						1		1				
4	工进2	SQ2、SQ3	1			1		1			1	1								
5	工进3	SQ4	1					1			1	1	4	1		1	1			
6	暂停	止挡	1					1			1	1	1	1	1	1	1			
7	快退1	KT1		1				1		1	1	1 0	1 0	1 0	1 0	1 0	1 0	1 0		
8	快退2	SQ2非、SQ3非		1	1	1		1 0						1 0						
9	松开	SQ1		1	1	1				1						1 0			1	
10	夹紧	KT2		1	1					1									1 0	1 0

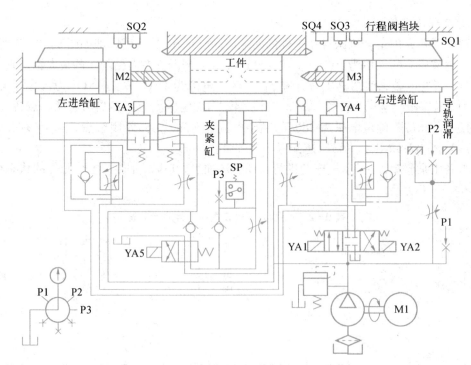

图6-2-1　双面钻孔专用组合机床液压原理图

2. 设计要求

（1）加工时，首先把工件毛坯放在工作台上，然后启动液压泵电动机，左右钻削头电动机随即跟着运转。当工件毛坯被自动夹紧后，左右钻削进给液压缸同时开始快进，依次是工进1、工进2和工进3，在止挡铁处暂停。后经快退1和快退2至原位暂停，工件被自动松开，取下加工好的工件，再放上新的毛坯。暂停结束后，不必再按起动按钮，工件就被自动夹紧而进入第二次加工，如此往复。

（2）手动调整环节的设置非常重要，因为工作到中途随机停电和自动控制发生故障是难免的，一般要调整到原位才能正式加工。因此在手动调整时，对左右钻削头电动机和电磁阀线圈采用点动控制。当然，液压电磁阀也可通过机械方式手工推动阀芯换位，但操作不太方便。

（3）除了设置短路、过载和失压等保护环节外，还应有"电隔离保护"，即所有电动机和液压电磁阀的控制电路及照明显示电路等应同三相电网隔离，这样可提高安全性。

（4）为了工作方便，应设置工作照明灯。同时，为了对设备的运行状态进行监控及安全用电，需设置设备的运行指示及电源指示等。

（5）由于钻削时会产生高温，故需配备一台冷却泵。

三、能力训练

1. 认识液压元件的图形符号

液压传动系统可方便地进行无级调速，较易获得较大的传递动力，且运动传递平稳，控制方便，易实现自动化，尤其在和电气控制系统配合使用时，易于实现复杂的自动工作循环。因此，液压传动和电气控制相结合的电液控制系统，在组合机床、自动化机床、生产自动线和数控机床中应用较多。

液压传动系统是由动力装置（液压泵）、执行机构（液压缸或液压马达）、控制阀（压力控制阀、流量控制阀、方向控制阀）和辅助装置（油箱、油管、滤油器、压力表等）四部分组成。其中，方向控制阀在液压系统中用来实现接通或关断油路，通过改变工作液的流动方向来实现运动换向的。在电液控制系统中，常用由电磁铁推动阀芯移动的电磁换向阀来控制工作液的流动方向。

在液压系统图中，液压元件要按照国家标准（GB）所规定的图形符号绘制。这些符号只表示元件，不表示元件的结构和参数，故称为液压元件的符号，如图6-2-2所示。

图6-2-2(a)用内接尖顶向外实心三角形的圆表示液压泵，图中没有箭头的为定量泵，有箭头的表示变量泵。

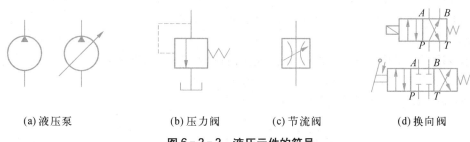

(a) 液压泵　　　　(b) 压力阀　　　　(c) 节流阀　　　　(d) 换向阀

图6-2-2　液压元件的符号

图 6-2-2(b)为压力阀的符号,方格相当于阀芯,箭头表示工作液通道,两侧直线表示进出管路,虚线表示控制油路。当控制油路压力超过弹簧弹力时,阀芯移动,使阀芯上的通道和进出管路接通,多余工作液溢回油箱,能控制液压系统的压力,故称溢流阀。

图 6-2-2(c)为节流阀的符号,方格中的两圆弧所形成的缝隙表示节流孔道,倾斜的箭头表示节流孔大小可以调节,即通过节流阀的流量可以调节。

图 6-2-2(d)为换向阀的符号,分别为两位两通和三位四通,为了改变工作液的流动方向,换向阀的阀芯位置要变换,它一般有 2—3 个工作位置,图中用方格表示,有几个方格就表示几位阀。方格内的符号"↑"表示工作液通道,符号"⊥"表示阀内通道堵塞。这些符号在一个方格内和方格的交点数,表示阀的通路数。换向阀的控制形式有手动、电动和液动等,它表示在阀的两端。图中两位阀为电磁换向阀,三位阀为手动换向阀。当电磁铁断电时,阀芯被弹簧推向左边,阀口 P 与 B 通,A 与 T 通;当电磁铁得电时,阀芯被推向右边,P 与 A,B 与 T 通。其中,阀口 P 为压力油口(进油口),A 与 B 为工作油口,T 为回油口(流回油箱)。

2. 双面钻孔专用组合机床电气控制原理图的设计

(1)电动机的选择及控制

根据工作任务概述和设计要求,可知需一台液压泵电动机 M1、两台钻削头电动机 M2、M3 和一台冷却泵电动机 M4。

① 液压泵电动机 M1

根据课题工作任务概述可知液压泵的规格为:10 ml/r,1 500 r/min,4 MPa,液压原理中液压泵电动机的功率公式:

$$P = pqn/60\ 000 \qquad\qquad (6-2-1)$$

式中:P 为功率(kW);p 为压力(MPa);q 为流量(ml/r);n 为转速(r/min)。由式(6-2-1)可算得:$P = 1$ kW。可查电工手册,选择 M1 为:Y90S—4,1.1 kW,1 400 r/min,2.7 A。

由于液压泵是连续运转的,故电动机 M1 的工作方式为单向连续工作制。虽然液压泵带负载起动运行,但是由于 M1 功率较小,故可直接全压起动。这样,可用一只接触器(设为 KM1)来控制电动机 M1。

② 左右钻削头电动机 M2、M3

已知最大钻削直径为 25 mm,据摇臂钻床的电动机功率公式 $P = 0.064\ 6D^{1.19}$ 可算得:$P \approx 2$ kW。

故可选择 M2、M3 为:Y100L1-4,2.2 kW,1 420 r/min,5.0 A。

当机床执行自动循环加工工艺时,M2、M3 始终连续运行,它们在起动时,钻削头尚未钻削,故是空载起动,而且功率也不大,因此,也可直接起动,并共同由一只接触器(KM2)控制。另外,KM2 还要控制冷却泵电动机 M4 的运行。

③ 冷却泵电动机 M4

本专用组合机床为中小型机床,故可选用功率为 0.125 kW 的冷却泵电动机,具体选择的 M4 为:JCB-22,0.125 kW,2 790 r/min,0.3 A。

(2)电气控制原理图的设计

① 主电路设计

在前面的叙述中我们已考虑到用接触器 KM1 控制液压泵电动机 M1,用 KM2 控制左右钻削头电动机 M2、M3 和冷却泵电动机 M4,根据已学的基础知识可方便地设计出主电路,如图 6-2-3 所示。图中 FU1 为总短路保护用熔断器,FU2 作 M1 的短路保护用,FU3 作 M2、M3 和 M4 的短路保护用,FU4 作控制电路短路保护用,热继电器 FR1~FR4 分别作为 M1~M4 的过载保护。失压保护通过接触器 KM1、KM2 的电磁机构来实现。

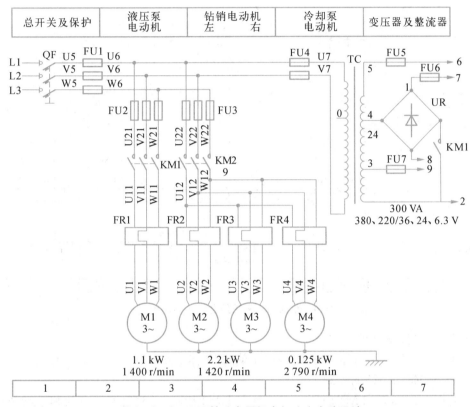

图 6-2-3　双面钻孔专用组合机床主电路设计

② 控制电源的设计

由于在设计要求中提出了"电隔离保护"的技术要求,所以在图 6-2-3 中设置了一个控制变压器 TC,其一次侧为交流 380 V(中间有一抽头可提供交流 220 V 电压),二次侧分为交流 36、24 和 6.3 V 三个抽头。其中交流 36 V 电源提供给接触器(KM1、KM2)、时间继电器(KT1、KT2)、中间继电器(具体有几个待定)以及照明灯 EL。交流 6.3 V 电源提供给按钮指示灯(HLSB1~HLSB8)、自动状态指示灯 HL1 和手动状态指示灯 HL2。交流 24 V 电源经整流后提供给电磁阀线圈 YA1~YA5。由于电磁阀线圈是电感性负载,是电感和电阻的串联,自身有滤波作用,故整流电路中不必加滤波电容,具体整流方式采用桥式整流,具体的电源电路如图 6-2-3 所示。

同时,在图 6-2-3 中设置辅助常开触点 KM1 的目的是为了保证只有当 KM1 通电,液压泵电动机起动以后才能向液压电磁阀、自动及手动状态指示灯供电,同时还可使电路具有失压保护功能。

③ 万能转换开关的接线

分析可知,控制电源有三路,即交流 36 V、6.3 V 和直流 24 V。其中每一路都有自动控制和手动调整两种情况,故共需要 6 个触点,自动和手动各半。为此我们设置了三位式万能转换开关 SA2,在 0 位上不需要触点,在 1 位和 2 位上需要触点。因此,可根据这些情况进行万能转换开关 SA2 的接线,具体接线情况如图 6-2-4 所示。

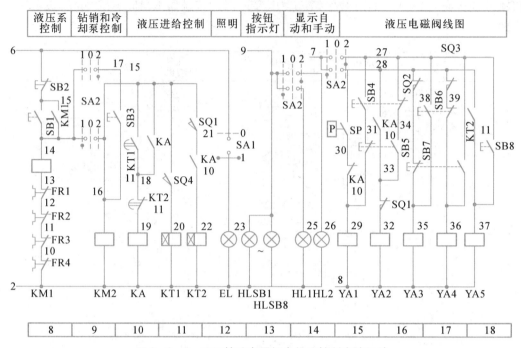

图 6-2-4 双面钻孔专用组合机床控制电路设计

④ M1 的起、停控制

液压泵电动机 M1 的起、停控制是很简单的,具体电路如图 6-2-4 所示。

⑤ M2、M3 和 M4 的控制

电动机 M2、M3 和 M4 由同一个接触器 KM2 控制,同时要考虑自动和手动两种情况。不管是自动还是手动,KM2 均在 KM1 通电后才能通电,属先后顺序控制,故万能转换开关 SA2 对应交流 36 V 电源的一路触点应接在 KM1 辅助常开触点之后。自动时,KM2 连续通电;手动时,为点动控制方式。

⑥ 液压系统的手动控制

液压系统的电气控制也分为自动和手动两种情况。作为执行电器的液压电磁阀,其线圈的额定电流一般总是小于行程开关、按钮和中间继电器的额定电流,故可用它们直接控制电磁阀线圈,而不必配置接触器。

首先考虑较简单的手动控制。电磁阀线圈 YA1~YA5 使用直流 24 V 电源,手动时采用点动方式,分别由按钮 SB4~SB8 控制。YA1 和 YA2 控制三位四通换向电磁阀,两者不能同时通电,故按钮 SB4 和 SB5 应接成联动互锁形式。另外,还要考虑退回原位时的限位保护,因此按钮 SB5 常开触点必须经行程开关 SQ1 常闭触点接往 YA2,不能直接相接,电路如图 6-2-4 所示。SB6 的常闭触点串入 YA4 同 SQ3 常闭触点(自动循环时的线路触点,其设计过程下面要详述)之间是为了避免"寄生回路"的存在。否则,当按动 SB6 时,不仅使 YA3 通电,而且可使 YA4 经 SB7、SQ2 和 SQ3 常闭触点(它们形成了"寄生回路")误通电。SB7 的接线原理类同。

⑦ 液压系统的自动循环控制

液压系统的自动循环控制较为复杂。我们在本节电气原理图设计的基本方法中谈到,对于很复杂的序列可采用逻辑设计,首先要依靠控制要求中提供的执行元件及主令元件工作状态表。这种状态表不仅是电气设计的依据,而且是电气线路具体实现的依据。事实上,当采用经验法设计较复杂的序列时,首先要依赖的就是工作状态表。

现在,我们来观察本例的工作状态表(表6-2-1)。显见,主令元件的通断情况一目了然。表中的行程阀为非电气类执行元件,行程阀挡块及挡铁为非电气类主令元件。时间继电器可产生延时主令信号,在表中列出时要分成线圈和延时触点两部分,例如表中的KT1L表示线圈,KT1D表示延时触点。

本例自动循环的步数和电器元件数量不是很多,逻辑关系并非复杂,故我们采用经验设计法。设计时一边观察状态表,一边构思电路设计,逐步设计出实际电路。

首先考虑YA1的控制问题。根据状态表,我们首先想到用压力继电器SP的常开触点来直接控制YA1,但在步7、8、9中,YA1应该断电,而SP常开触点在步7、8中,依然闭合,并且在步9中也有一段时间闭合,故此想法有欠缺之处,同时考虑SP同其他主令元件的配合控制,也无法实现。至此,不得不增设一个中间继电器KA,使其在步7、8、9中通电,这样可用SP常开触点的串联来控制YA1。

从表6-2-1中可见YA2在步7、8中通电。我们已假定KA在步7、8、9中通电,故用KA的常开触点直接控制YA2尚有不足之处。我们发现行程开关SQ1常开触点在步7、8中断开,在步9中却闭合,因此,可用SQ1常开触点同KA常开触点的串联来控制YA2。

从表6-2-1中可见YA3、YA4在步1、2、3、8、9中通电,在步4—7中断电,而SQ2、SQ3的闭合和断开情况恰巧相反,故可用SQ2、SQ3的常闭触点分别控制YA3、YA4。

YA5在步9中通电,而时间继电器KT2也仅在步9中通电,故可用其瞬时常开触点直接控制YA5。

现在来考虑中间继电器KA的控制问题。从表6-2-1中可见KA的通电主令为KT1,断电主令为KT2,据此很容易画出线路。

时间继电器KT1在步5、6中及7的部分中通电,而SQ4常开触点恰在其中闭合,故可用SQ4常开触点直接控制KT1。至于KT2,它在步9中通电,我们在前面YA2的控制问题叙述中讲到KA在步7、8、9中通电,而SQ1常开触点在步7、8中断开,在步9中闭合,因此可用SQ1和KA的常开触点的串联来控制KT2。有关这部分的线路设计如图6-2-4所示。

四、理论知识

1. 电力拖动方案的确定原则

由于交流电动机结构简单、运行可靠、价格低廉、维护方便、应用广泛,因此在选择电力拖动方案时,首先应尽量考虑交流电动机。只有那些要求调速范围大和频繁起动的机床,才考虑采用直流电动机。因此,应根据机床对调速的要求来考虑电力拖动方案。一般原则如下:

① 对于一般无特殊调速指标要求的机床,应优先采用笼型异步电动机。

② 对于要求电气调速的机床,应根据调速技术要求,如调速范围、调速平滑性、调速级数和机械特性硬度来选择调速方案,具体情况如下:

若调速范围 $D = 2 \sim 3$(这里 $D = n_{max}/n_{min}$,在额定负载下),调速级数≤2—4,一般采用可变级数的双速或多速笼型异步电动机。

若 $D = 3 \sim 10$,且要求平滑调速时,在容量不大的情况下,应采用带滑差电磁离合器的笼型异步电动机拖动方案。

若 $D = 10 \sim 100$,可采用晶闸管直流或交流调速拖动系统。

③ 电动机的调速性质应与负载特性相适应。

调速性质是指在整个调速范围内转矩和功率的关系,分为恒功率和恒转矩输出两种。以车床为例,其主运动需要恒功率传动,进给运动则要求恒转矩传动。若采用双速笼型异步电动机,当定子绕组由三角形改为双星形连接时,转速由低速升为高速,而功率却增加很少,适用于恒功率传动。但当定子绕组由低速的星形连接改成双星形连接后,转速和功率都增加一倍,而电动机的输出转矩却不变,适用于恒转矩传动。

2. 电动机的选择

机床的运动部件大多数由电动机驱动。因此,正确地选择电动机具有重要意义。

(1) 电动机结构形式的确定

一般来说,应采用通用系列的普通电动机,只有在特殊场合才用某些特殊结构的电动机,以便于安装。

在通常的环境下,应尽量选用一般防护式(开启式)电动机。对易产生悬浮、飞扬的铁屑或废料,或者切削液、工业用水等有损于绝缘介质并能侵入电动机的场合,应选用封闭式为宜。煤油冷却切削刀具或加工易燃合金的机床应选用防爆式电动机。

电机的结构及安装型式代号应符合 GB 的规定。代号"IM"（International Mounting)代表"国际安装","B"代表"卧式安装","V"代表"立式安装"。如代号 IMB35 和代号 IMV14,字母后面的阿拉伯数字代表不同的结构和安装特点。如 B35 安装方式为:电机带底脚,轴伸端带法兰,如图 6-2-5 所示。

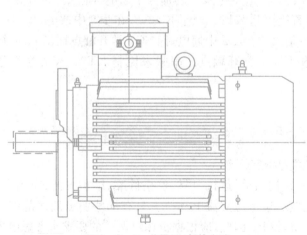

图 6-2-5　IMB35 安装方式

（2）电动机容量的选择

正确地选择电动机容量具有重要的意义。电动机容量选得过大不仅浪费，且功率因数降低；选得过小，则会使电动机因过载运行而降低使用寿命。

电动机容量选择的依据是机床的负载功率。若机床总体设计中确定的机械传动功率为 P_1，则所需电动机的功率 P 为：

$$P = P_1/\eta \tag{6-2-2}$$

式中，η 为机械传动效率，一般取为 0.6～0.85。

然而，机床的实际载荷是经常变化的，而且每个负载的工作时间也不尽相同，并且 P_1 往往是工程估算得出的，η 也是个经验数据，所以在实际确定电动机容量时，大多数采用调查统计类比法。这种方法就是对机床主拖动电动机进行实测、分析，找出电动机容量与机床主要数据的关系，据此作为选择电动机容量的依据。对常见的机床有（以下经验公式中 P 的单位为 kW）：

① 卧式车床

$$P = 36.5D^{1.54} \tag{6-2-3}$$

式中，D 为工件最大直径（m）。

② 立式车床

$$P = 20D^{0.88} \tag{6-2-4}$$

式中，D 为工件最大直径（m）。

③ 摇臂钻床

$$P = 0.064\,6D^{1.19} \tag{6-2-5}$$

式中，D 为最大的钻孔直径（mm）。

④ 外圆磨床

$$P = 0.1KB \tag{6-2-6}$$

式中，B 为砂轮宽度。当砂轮主轴采用滚动轴承时，K 取 0.8～1.1；采用滑动轴承时，K 取 1.0～1.3。

⑤ 卧式铣镗床

$$P = 0.004D^{1.7} \tag{6-2-7}$$

式中，D 为镗杆直径（mm）。

⑥ 龙门铣床

$$P = 0.006B^{1.15} \tag{6-2-8}$$

式中，B 为工作台宽度（mm）。

机床进给运动电动机的容量，车床、钻床约为主电动机的 0.03～0.05，而铣床则为主电动机的 0.2～0.25。

（3）电动机转速的选择

笼型异步电动机的同步转速有 3 000 r/min、1 500 r/min、1 000 r/min、750 r/min 和 600 r/min 等几种。一般情况下应选用同步转速为 1 500 r/min 的电动机。因为这个转速下的电动机适应性较强,而且功率因数和效率也较高。若电动机容量一定,转速选得越低,电动机的体积就越大,价格也越高,并且功率因数也越低。但选得太高,又会增加机械部分的复杂程度。

（4）笼型异步电动机的系列及技术参数

Y系列电动机是全国统一设计的新系列产品,它具有效率高、起动转矩大、噪声低、振动小、性能优良、外形美观等优点,功率等级和安装尺寸符合国际电工委员会(IEC)标准。

Y系列电动机的型号含义(以Y180M-2为例)如下:

一般电动机的铭牌上标有名称、符号、功率、电压、电流、频率、转速、接法、工作方式、绝缘等级、产品编号、重量、生产厂家和出厂年月等技术参数,如图6-2-6所示。

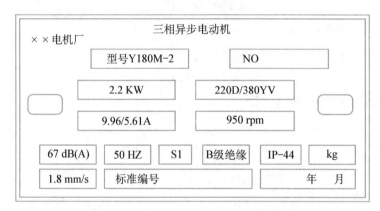

图6-2-6 三相异步电动机的铭牌数据

若电压标380 V,接法标△连接,表示定子绕组的额定线电压为380 V,应接成△接法。若电压标380 V/220 V,接法标Y/△,表明:电源线电压为380 V时,应接成Y形;电源线电压为220 V时,应接成△接法。

电流是指电动机绕组的输入电流。如果写有两个电流值,表示定子绕组在两种接法时的输入电流。

五、拓展知识

1. 控制变压器的选用

控制变压器一般用于降低控制电路或辅助电路的电压,以保证用电安全可靠。选择控制变压器的原则为:

① 控制变压器一、二次电压应与交流电源电压、控制电路电压与辅助电路电压要求相符。

② 应保证接于变压器二次侧的交流电磁器件在起动运行时能可靠地吸合。

③ 电路正常运行时,变压器温升不应超过允许温升。

④ 控制变压器容量的近似计算公式为：

$$S \geqslant 0.6 \sum S_1 + 0.25 \sum S_2 + 0.125 \sum S_3 K \qquad (6-2-9)$$

其中：S——控制变压器的容量（VA）；

S_1——电磁器件的吸持功率（VA）；

S_2——接触器、继电器起动功率（VA）；

S_3——电磁铁起动功率（VA）；

K——电磁铁工作行程 L 与额定行程 L_N 之比的修正系数。当 $L/L_N = 0.5 \sim 0.8$ 时，$K = 0.7 \sim 0.8$；$L/L_N = 0.85 \sim 0.9$ 时，$K = 0.85 \sim 0.95$；$L/L_N > 0.9$ 时，$K = 1$。

2. 常用液压系统控制电路

（1）一次工作进给、死挡铁停留控制电路

具有一次工作进给及死挡铁停留的工作循环是组合机床比较常用的工作循环之一。液压系统工作时，各种阀的动作情况见表 6-2-2。

表 6-2-2　元件动作表

元件\工步	YV1	YV2	行程阀	KP
原 位	－	－	－	－
快 进	＋	－	－	－
工 进	＋	－	＋	－
死挡铁停留	＋	－	＋	－/＋
快 退	－	＋	＋/－	－

注："＋"表示受外力作用动作；"－"表示无外力作用。

根据表 6-2-2 中各元件的动作表，其控制电路可绘制成如图 6-2-7 所示。

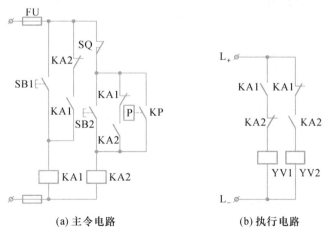

（a）主令电路　　　　　　（b）执行电路

图 6-2-7　一次工作进给、死挡铁停留控制电路

① 滑台快进　在液压泵电动机起动后,液压泵输出高压油。按下 SB1,KA1 通电并自锁,同时电磁阀 YV1 通电,滑台快速趋近。

② 一次工作进给　滑台快速趋近到压下行程阀时,快速趋近转为一次工作进给。这时,油路工作状态的改变是由行程阀来实现的,所以电路工作状态并未改变。

③ 死挡铁停留　当工作进给终了,滑台被死挡铁挡住,进给油路压力升高,当油路压力升高到一定值,压力继电器 KP 动作,这时,油路工作状态改变为快速退回。

④ 快速退回　当压力继电器 KP 动作时,使 KA2 通电吸合并自锁,同时 KA1、YV1 断电释放,YV2 通电,滑台向后快速退回。

⑤ 原位停止　滑台快速退回至原位时,压下原位形行程开关 SQ,KA2、YV2 断电释放,滑台停在原位。

(2) 具有二次工作进给的控制电路

具有二次工作进给的液压元件的动作状态如表 6-2-3 所示。

表 6-2-3　元件动作表

元件 工步	YV1	YV2	YV3	行程阀	KP
快　进	+	−	−	−	−
一工进	+	−	−	+	−
二工进	+	−	+	+	−
死挡铁停留	+	−	+	+	−/+
快　退	−	+	−	+/−	−
原　位	−	−	−	−	−

根据表 6-2-3 中各元件的动作表,具有二次工作进给的控制电路可绘制成如图 6-2-8 所示。其工作原理分析如下:滑台从一次工作进给转为二次工作进给时,压下 SQ2,电磁阀 YV3 通电,滑台转为二次工作进给。在整个二次工作进给过程中,行程开关 SQ2 一直受压,故应采用长挡铁。滑台处于其他工作状态时,其油路工作状态均与具有一次工作进给的情况相同,在此不再复述。

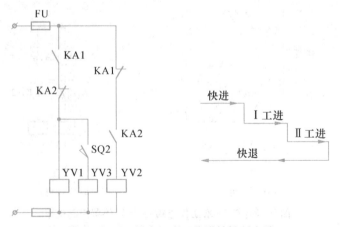

图 6-2-8　具有二次工作进给控制电路

六、练习

1. 某机床由两台三相笼型异步电动机 M1 与 M2 拖动,其控制要求是:

① M1 容量较大,要求Y-△减压起动,采用能耗制动停车;

② M1 起动 20 秒后方可起动 M2(M2 可以直接起动);

③ M2 停车后方可使 M1 停车;

④ M1 与 M2 的起、停要求两地均能控制。

试设计电气原理图并设置必要的电气保护环节。

2. 试设计两面相向钻孔专用机床控制线路,满足下列控制要求:

① 甲、乙两动力头分别起动加工;

② 加工结束,分别退回原位停止;

③ 乙动力头加工时,甲动力头应已退回;

④ 要有必要的保护环节。

模块三　两台 37 kW 三相交流电动机的控制设备设计

一、教学目标

1. 掌握电气控制设备的一般设计方法、步骤、内容；
2. 熟悉有关电器标准，掌握信息资料检索的能力；
3. 能够正确选择元器件并能编写设计说明书；
4. 了解成套电器设计应用软件（即 AutoCAD 软件），熟悉成套电器控制柜的计算机辅助设计方法。

二、工作任务

设计两台 37 kW 三相交流电动机的控制设备。

1. 设备概述及主要技术参数

要求设计的动力配电柜的控制对象为某乡工业用水水厂两台三相交流异步电动机，使其能正常工作。该厂使用的是自扇冷式三相笼型异步电动机，型号为 YLB200 - 2 - 4，其额定功率为 37 kW，额定电流为 71.2 A，额定工作电压为 380 V。所带负载等级为重载，长期工作制。电动机正常运行时的接法为Y形。

2. 设计要求

设计要求包括控制技术要求及工艺要求，具体如下：

（1）电动机应能正常起动运行，要有过载、短路、缺相等保护。

（2）能异地控制，起动过程要有指示灯指示。

（3）元器件安装时要排列有序，符合元器件的安装工艺要求。

（4）导线及母线排的布置，也要符合各自的工艺要求。所设计的柜体设备在满足使用功能要求的前提下，应满足尺寸要求和工艺要求（可选用标准柜）。

（5）所设计的柜体设备要在满足使用功能要求的前提下，满足尺寸要求和工艺要求（可选用标准柜）。

3. 完成的技术资料

（1）电气原理图一份；

（2）接线图及接线表各一份；

182 - 项目六

（3）电器布置图一份；

（4）工艺文件一份；

（5）设计说明书一份。

三、能力训练

根据以上对工作任务的描述,开始按如下设计流程完成本次设计。

1. 控制方案的确定

（1）确定起动方法

对于两台 37 kW 的三相异步电动机,如果直接起动,起动电流将使电网电压发生较大的波动而影响其他电动机或电器的正常工作,所以需采用减压起动。

三相异步电动机常用的减压起动方法有:定子电路串电阻器(或电抗器)降压起动法;星形-三角形(Y-△)降压起动法;自耦变压器降压起动法等几种。在本例中,因电动机的接线方式是"Y"形,所带负载又为重载,根据各种起动方法的特点,我们选择自耦变压器降压起动法起动。

（2）电动机的控制原则

在电动机的起动、调速、反向与制动过程中,按不同参数的变化来实现自动控制,称为电力拖动自动控制原则。各种控制原则及特点见表 6-3-1。

表 6-3-1　电动机控制原则及特点

控制原则	特　　　点
时间原则	电路简单、不受电动机参数、电网电压等参数的影响,任何电动机都适用
速度原则	电路简单、控制加速时受电网电压影响,制动时则无影响
电流原则	电路联锁较复杂、可靠性差,受各种参数影响大
电势原则	较准确反映电动机转速
行程原则	电路简单,不受各种参数影响,只反映运动部件的位置

选择控制原则时,除考虑其本身特点外,还应考虑电力控制系统方面的设计要求,以及控制的安全、可靠,操作维修方便等因素。根据表 6-3-1 中各种控制原则的特点,综合各方因素,决定选用时间原则进行控制。

（3）电气控制电路的联锁环节和电动机的保护环节

为了保证电力拖动控制系统中电动机、各种电器和控制电路能正常运行,消除可能出现的危险因素,并在出现电气故障时,尽可能缩小故障范围,保障人身和设备的安全,必须对电力拖动控制系统设置各种联锁和保护环节。

在控制电路中,常用的联锁环节有自锁环节、互锁环节、顺序动作环节和机械联锁等。

在控制电路中,常用的保护环节有短路保护、过电流保护、过载保护、零电压和欠电压保护、缺相保护、弱磁保护及超速保护等。电力拖动控制系统中,根据不同的工作情况,对电动机设置一种或几种保护措施。该例中要求有过载、缺相、短路等保护,确定保护元件如下:断路器、热继电器和熔断器。

确定好以上电气控制方案,下一步就要按确定好的控制方案进行电气控制原理图的设计。

2. 电气控制原理图设计

（1）主电路设计

在设计主电路时除要考虑有关保护外,对主电路中的电流大小还应有指示。根据以上的方案分析以及设计要求,设计两台电动机控制线路的主电路如图6-3-1所示。

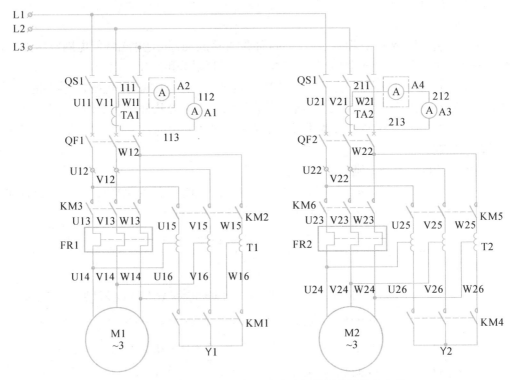

图6-3-1 两台37 kW三相交流电动机控制线路的主电路

（2）控制电路设计

控制电路设计要根据控制要求和主电路的设计方案设计。设计时应注意:①在起动过程中应保证KM3、KM6不能得电;②起动结束后应将自耦变压器T1、T2切除。所设计的控制电路如图6-3-2所示。

3. 主要元器件的选择

在电气控制原理图设计完成之后,就可根据线路要求,选择各种控制电器元件,并列写元器件目录。

（1）自耦变压器的选择

自耦变压器主要是选择其型号与功率。对于起动用自耦变压器型号主要有QZB1和ZOB10两种,在此我们选用QZB1系列的自耦变压器。对于自耦变压器功率的选择,原则上应与所控制的电动机功率相同。但由于市场上并没有37 kW这个功率等级的自耦变压器,所以我们选用40 kW,即QZB1-40,其外形尺寸为380 mm×138 mm×297 mm。

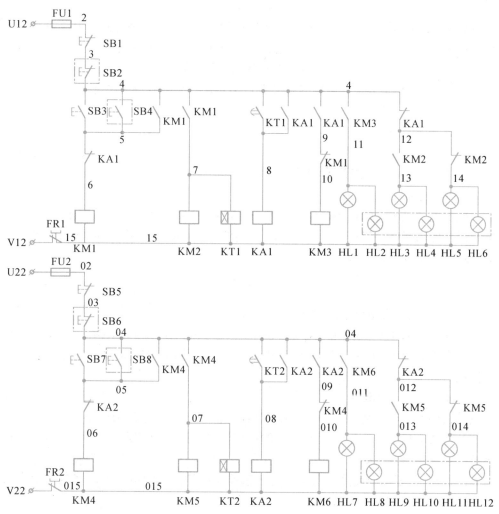

图 6-3-2　两台 37 kW 三相交流电动机的控制电路

（2）接触器的选择

类别的选择：该控制线路中每台电动机使用了三只交流接触器。因控制电路的电压为交流380 V，故三只接触器的线圈额定电压均为 380 V。又因控制的是三相笼型异步电动机的起动与停止，故选用的类别均为 AC-3 类。

额定电压的选择：由于线路电压为 380 V，故所选接触器的额定电压应不小于380 V。

额定电流的选择：因三个接触器 KM1、KM2、KM3 在工作时流过主触点的电流大小不一样，所以应分别加以选择。接触器 KM3 是在电动机正常运行时才工作的，流过主触点的电流为电动机的额定电流 71.2 A，根据接触器的选择原则，可选额定电流为 100 A 的 CJ20-100 型接触器。该电动机虽采用降压起动，但起动时流过 KM2 的电流仍会远远超过主电路的额定电流，又由于 KM2 的工作时间较短，因此所选接触器的额定电流可以适当小于实际通过的电流，在此我们也选用 CJ20-100 型接触器。对于 KM1，由于连接的是自耦变压器的"Y"点接头，不但工作的时间较短，且流过的电流也较平稳，所以可以选择 CJ20-63 型接触器，该接触器的额定电流为 63 A。

（3）低压断路器的选择

根据低压断路器的选择原则，所选断路器的额定工作电压必须不小于线路额定电压

380 V;额定电流必须不小于主电路的额定电流 71.2 A;额定短路通断能力应不小于线路中可能出现的最大短路电流(最大短路电流约为 16 kA);断路器欠电压脱扣器额定电压应等于线路额定电压 380 V;作为电动机保护的断路器,其瞬时整定电流应为电动机额定电流的 8~15 倍。根据以上要求我们选用 DZ20Y - 100/3300 型塑料外壳式低压断路器。

（4）刀开关的选择

由于电路电压为交流 380 V,电动机的工作电流为 71.2 A,考虑到控制电路中各电器线圈的工作电流(一般为几十毫安至几百毫安),可选额定电压为交流 380 V,额定电流为 200 A 的 HD13 系列 3 极刀开关,型号为 HD13BX - 200/31。

（5）热继电器的选择

为保护电动机不会因缺相运行而损坏,所选热继电器除具有过载保护作用外,还应具备缺相保护的功能,所以我们可选用 JR16 系列的热继电器。一般情况下,热继电器热元件的整定电流 I 可按下式选取:

$$I = (0.95 \sim 1.05)I_{NM} \qquad (6 - 3 - 1)$$

式中　I_{NM}——电动机额定电流,单位为 A。

取上式系数为 1.0,则热继电器热元件的整定电流为 71.2 A,根据热元件等级,选择热元件额定电流为 85 A,所以选用 JR16B - 150/3D 型热继电器,其额定电流为 150 A,整定电流调节范围为 53~85 A。

（6）电流互感器与电流表的选择

电动机的额定电流为 71.2 A,电流互感器一次侧的额定电流值应不小于 71.2 A,而二次侧的电流为标准的 5 A,考虑到一定的过载量,故可选用 LMZ3 - 0.66 - 150/5 型电流互感器。该互感器额定电压为 660 V,一次侧额定电流为 150 A,二次侧额定电流为 5 A。电流表的选择,只要选用读数范围与电流互感器一次侧的额定电流值配套的交流电表即可,可选用 42L6 - A150 型电流表。

（7）时间继电器的选择

该控制线路的电压为 380 V,所以 KT1 的线圈电压也应为 380 V。在此电路中对触点的要求是:得电延时的常开触点需有一对。根据以上要求,查阅有关手册,可选用 ST3P A - B 型超级时间继电器。

（8）中间继电器的选择

中间继电器的主要参数有:①中间继电器的额定电压;②常开、常闭触点数量;③线圈额定电压。因控制电路电压为交流 380 V,常开、常闭触点的数目是 2 常开 2 常闭,可选用 JZ7 - 44 型中间继电器,其额定电压为 380 V,线圈额定电压也为 380 V,触点数量为 4 常开 4 常闭,触点额定电流为 5 A。

（9）熔断器的选择

熔断器作为控制电路的短路保护,选择时主要从其额定电压、额定电流和额定分断能力三个方面考虑:①熔断器的额定电压必须不小于熔断器工作点的电压即 380 V;②熔断器的额定分断能力应大于线路中可能出现的最大短路电流(16 kA);③熔断器的额定电流应根据被保护的电路(支路)及设备的额定负载电流选择。该控制电路在工作时,最多有两个线圈同时吸合以及两个指示灯同时工作,估算其最大负载电流为 10 A,故所选熔断器应大于此值。另外为方便安装,所选熔断器应能插在安装端子的导轨槽中,所以我们可以选用 RT18-32 型熔断器。熔体的额定电流为 16 A。

（10）指示灯的选择

该控制电路中共用了 12 只指示灯,选择指示灯,主要是根据其工作电压以及使用场合来确定其型号和颜色。因此选用 AD11 系列的指示灯,其型号为 AD11-22/41-5G,额定电压为 380 V。各指示灯的颜色,根据国家标准 GB 26681—81 的规定,如选择 HL1、HL2 为绿色,HL3、HL4 为黄色,HL5、HL6 为红色。

（11）按钮的选择

该控制线路中共用了 4 只按钮。按钮的主要参数有按钮的形式、触点数量、额定电压与颜色等。大部分按钮额定电流达到 5 A 就能满足要求。根据控制电路电压和按钮触点数,选定各按钮型号为 LA18-22(即有 2 对常开,2 对常闭,形式为一般式,额定电压为交流 380 V)。各按钮的颜色,根据国家标准 GB 26681—81 的规定确定为:停止按钮 SB1、SB2 为红色,起动按钮 SB3、SB4 为绿色。

（12）导线的选择

导线分为两个部分:连接主电路用导线和连接控制电路用导线。电控装置中控制电路的导线截面,应按规定的载流量选择,但考虑到机械强度的需要,对于低压电控设备的辅助线路,应选用截面不小于 0.75 mm² 的单芯铜绝缘线,或不小于 0.5 mm² 的多芯铜绝缘线。导线的额定绝缘电压应与电路的额定工作电压相适应。故选用绝缘电压为交流 380 V 的 BV 铜芯塑料硬线作为控制电路的连接线,截面积为 1.5 mm²。该线在环境温度为 40℃时允许载流量为 19 A,考虑导线成捆或在行线槽中布线时按 1/2 允许载流量作为实际载流量计算,也达到 9 A,远超出实际负载电流。

主电路中导线截面积较大,一般不考虑机械强度而只按允许载流量选择。在这里主电路中电流按电动机达最大功率时满载电流来选择,选用绝缘电压为 380 V 的 BVR 铜芯塑料软线作为主电路的连接线,截面积为 35 mm²。该线在环境温度为 40℃时允许载流量达 134 A,能满足要求。对于主电路中电流表回路的连接线,由于电流最大为 5 A,所以可选用截面为 2.5 mm² 的 BVR 铜芯塑料绝缘软线作为连接线。

（13）母线排的选择

母线的选择主要考虑以下几个方面:母线的材料、截面形状、截面积、排列方式和支撑件的间距;母线在短路时的热稳定性和动稳定性。母线的材料主要有铜和铝,一般用铜材料较多。母线截面形状的选择应考虑集肤效应、邻近效应、电磁波渗透深度等因素的影响,并要求散热良好、机械强度高、安装简单和连接方便。成套开关设备用母线一般选用矩形,再根据母线的载流量查找《电动机工程手册》(输变电、配电设备卷),选用截面为 30 mm×3 mm(宽度×厚度)的铜排作为母线。

（14）接线端子的选择

在设计配电柜时往往将整个控制系统分成几部分安装,各部分之间的连接线必须通过接线端子连接,所以还需选择接线端子。

接线端子分为主电路接线端子与控制电路接线端子。由于主电路的导线截面积较大,自耦变压器上自带接线柱,所以无需再选择接线端子。对于主电路中电流表回路的接线,根据其连接导线的截面积,选用 JF5-2.5 型端子。同样,控制电路的接线端子,可选用 JF5-1.5 型,此端子连接导线的最大截面积为 1.5 mm²。

综上所述,电气控制原理图所需元器件明细如表 6-3-2 所示。

表 6 - 3 - 2　元件明细表

序　号	元件符号	元件名称	型号规格	备　注
1	KM1　KM4	交流接触器	CJ20 - 63	～380 V
2	KM2　KM3　KM5	交流接触器	CJ20 - 100	～380 V
3	QF1　QF2	低压断路器	DZ20Y - 100/3300	
4	QS1　QS2	刀开关	HD13BX - 200/31	
5	TA1　TA2	电流互感器	LMZ3 - 0.66 - 150/5	
6	A1　A2　A3　A4	电流表	42L6 - A 150 A	
7	T1　T2	自耦变压器	QZB1 - 40	
8	FR1　FR2	热继电器	JR16B - 150/3D	～380 V
9	FU1　FU2	熔断器	RT18 - 32	16 A
11	SB1　SB2　SB5　SB6	按钮	LA18 - 22	红色
12	SB3　SB4　SB7　SB8		LA18 - 22	绿色
13	HL1　HL2　HL7　HL8	指示灯	AD11 - 22/41 - 5G	绿色
14	HL3　HL4　HL9　HL10		AD11 - 22/41 - 5G	黄色
15	HL5　HL6　HL11　HL12		AD11 - 22/41 - 5G	红色
16	KA1　KA2	中间继电器	JZ7 - 44	～380 V
17	KT1　KT2	时间继电器	ST3P A - B	～380 V
18	I	接线端子	JF5 - 1.5	控制电路
19	II	接线端子	JF5 - 2.5	电流表回路

4. 电气元器件布置图的设计

（1）柜体设计

机柜为电气元器件和各种附件提供必需的安装空间,柜体设计应满足以下三个方面的要求:尺寸要求,功能要求,工艺性要求。

由于工程设计和机柜本身配套的需要,对机柜的外形尺寸、安装尺寸和某些互换性尺寸必须作出一些规定,一般都以标准的形式加以规范,设计时可以参照 GB 7267—87《电力系统二次回路控制、保护屏及柜基本尺寸系列》标准。在前面我们选用的自耦变压器的外形尺寸为 380 mm×138 mm×297 mm,所以设计的柜体必须能放得下两个这样的自耦变压器。

机柜的功能要求包括产品的功能要求和机柜结构的功能要求这两个方面。归纳起来大致有:①电气元器件及其附件的安装要求;②外壳防护要求;③屏蔽和接地要求;④通风散热要求;⑤人机学要求;⑥布线要求;⑦机柜的强度和刚性要求等。

机柜的工艺性要求是指在满足使用功能要求的前提下,对机柜的总体及零件、部件制造的可行性和经济性的要求,以及机柜满足电气设备装配的工艺性和可维修性要求。

在设计一般的配电、控制柜时,柜体都可选用标准系列柜。对于非标准柜,可根据以上设计原则进行设计。为缩短设计时间、减少工作量、降低成本,在此我们选用标准柜。

根据要求我们选择标准 GGD 柜,产品代号为 TGGD208,主要尺寸为长 800 mm,宽 600 mm,高 2 200 mm。此柜的柜门采用镀锌转轴式铰链与构架相连,安装、拆卸方便。柜体前后、顶面及两侧的防护等级达到 IP30,也可根据用户的要求在 IP20~IP40 之间选择。在柜体的下部、后上部和顶部均有通风散热孔,使柜体在运行中形成自然通风道,有较好的散热性能。柜体的顶盖可在需要时拆除,便于现场主母线的装配和调整。柜顶的四角装有吊环,便于起吊、装运。另外 GGD 柜的价格也比较适中,可以满足我们的要求。

在进行布置时应考虑到监视、操作、连线及维修的方便,并应力求整齐美观。设计要符合 GB 4720《电气传动控制设备 第一部分:低压电器电控设备》中技术条件的规定。

(2)接触器、继电器的布置

控制柜、控制屏上继电器、接触器的布置均应符合本身的安装要求。喷弧距离较长的接触器应布置在控制屏、控制柜的最上部,并保证喷弧距离,以免引起事故,必要时可增设阻隔电弧的设施。但应注意构架的机械强度及振动的影响。大型元件可装在控制屏、控制柜的下部。

在控制屏、控制柜的整个区域内均可布置中小型接触器和继电器,而手动复位继电器则应布置在便于操作的部位,推荐布置在距地面 700—1 700 mm 的区域内。对喷弧区较大的电器,建议布置在距地面 1.7 m 以上的区域。元器件的空间距离应符合 GB 4720《电气传动控制设备 第一部分:低压电器电控设备》的规定,即安装在设备上的电器元件与另一个电器元件的导电部件之间;一个导电部件与另一个导电部件之间的爬电距离和电气间隙,不得低于表 6-3-3 中的数据。

表6-3-3 电气间隙和爬电距离

额定绝缘电压(V)	电气间隙(mm)	爬电距离(mm)
≤300	6	10
300~660	8	14
660~800	10	20
800~1 500	14	28

布置元器件时,应留有布线、接线、维修和调整操作的空间间距,板前接线式元器件应大于板后接线式元器件的空间间距。

(3)操纵器件的布置

操纵器件包括低压断路器操作手柄、按钮、按键开关、转换开关等。控制柜的仪表板上只能安装小型操纵器件,且一般布置在仪表板的下部。其他操纵器件推荐布置在控制柜、控制屏距地面 700~1 700 mm 的区域。布置时应按照操作顺序由左到右、从上至下布置。

按钮的排列:停止按钮可放在一端或中间位置,在这个控制线路中按钮的排列,如图 6-3-3 所示。

向上喷弧的低压断路器,应留有足够的喷弧距离或增设阻隔电弧的设施,以免损坏其他元器件。

(4)其他器件的布置

接线座用于相邻控制柜、控制屏间的连线

停止　　　　　　　运行

图6-3-3 按钮排列图

时,宜布置在控制柜、控制屏的两侧;用于外部接线的接线座,宜布置在控制柜、控制屏下部。接线座布置在屏下时,不宜低于 300 mm,柜内布置时不应低于 200 mm。周围需留有足够的空间,以便于外部电缆的引入。

母线应涂色表示相序、正极、负极及中性线。除安全接线需全长标色外,其他允许在母线的醒目处标示一段。主电路相序排列和颜色,以控制屏、控制柜的正视方向为准,应符合表 6-3-4 的规定。

表 6-3-4 主电路接点间的相序和极性排列

相　序	垂直排列	水平排列	前后排列	色　标
A	上	左	远	黄
B	中	中	中	绿
C	下	右	近	红
中性线	最下	最右	最近	淡蓝
中性保护线	最下	最右	最近	黄绿相间

综上所述,元器件的布置示意图如图 6-3-4 所示。

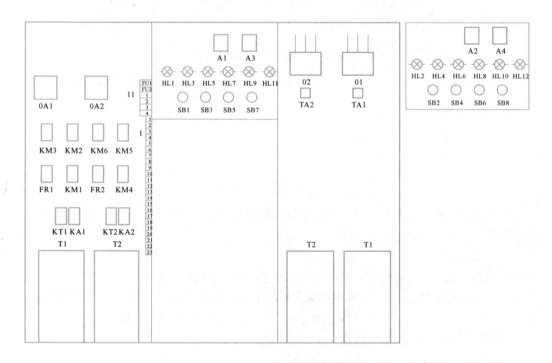

图 6-3-4 元器件布置示意图

5. 接线图的设计

为了进行成套设备的布线,需要提供各个项目(包括元件、器件、组件、设备等)之间的连接关系、线缆种类和敷设路径等。接线图就是提供这些信息的简图,而接线表是以表格形式提供这些信息。接线图和接线表可以单独使用,也可以组合使用。接线图(表)是电路检查和维修的重要技术文件。

根据表达对象和用途不同,接线图(表)一般分为单元接线图(表)、互连接线图(表)、端子接线图(表)和电缆连接图(表)四种。它们都是在电路图或详细逻辑图的基础上绘制的。但是为了清晰地表示出各个连接点的相对位置,便于布线或布缆,接线图可采用"位置布局法"近似地按照项目所在的实际位置绘制。

在接线图(表)中,应表示出:项目及其相对位置,项目代号,端子间的电连接关系、端子代号,导线型式、截面积、导线号,需补充说明的其他内容。具体表示方法如下:

(1) 项目的表示方法

接线图中的元件、器件、部件、组件和设备等项目,应尽量采用简化外形(圆形、方形、矩形)来表示,必要时也允许用图形符号表示。在图形符号近旁标出与电路图项目一致的项目代号。

(2) 端子的表示方法

端子一般用图形符号和端子代号表示。一般端子用图形符号"○"表示;可拆卸的端子用"∮"表示。对于用简化外形表示项目时,其上的端子可不画符号,只用端子代号表示。

(3) 导线的表示方法

在接线图中导线的表示方法有两种。

连续线:用连续的实线表示端子之间实际存在的导线。

中断线:用中断的实线表示端子之间实际存在的导线,同时在中断处标明导线的去向。

导线组、电缆、缆线线束等可用单实线或加粗的单实线表示。

(4) 单元接线图和单元接线表

单元接线图和接线表是表示单元内部各项目连接情况的图和表。单元的划分是人为的,单元之间的外部连线用互连接线图、接线表表示。

单元接线图的绘制方法:在单元接线图上各项目的位置基本和实际位置相符合,项目之间距离一般不以实际位置为准,而以连接线的复杂程度而定。

对比较复杂的单元,如果一个视图不能清楚地表示其接线情况,则可以采用多个视图如门、箱顶、后壁等。但要注意有不在同一块板上的连线要通过接线端子(端子排)。

对于项目之间相互叠成几层放置时,可以把这些项目翻转或移动后画出视图,并加注说明。

对于具有多层接线端子的项目如转换开关、组合开关,可以延长被遮盖了的端子以表明接线关系。

互连接线图和互连接线表。互连接线图和互连接线表是表示两个或两个以上单元之间线缆连接情况的图和表,实际上是反映两个单元端子板之间的连线。各单元一般用点划线围框表示。互连接线图中的各单元的视图应画在同一平面上,以便表示各单元之间的连接关系。互连接线表的格式及内容与单元接线表相同。

端子接线图。端子接线图的视图应与端子排接线图的视图一致,各端子应基本按其相对位置表示。端子排一侧标明至单元内部连线的近端标记,另一侧标明至外部设备的远端标记或回路标号。端子的引出线宜标出线缆号、线号和线缆的去向。

(5) 元器件的接线图

根据以上原则我们可以设计出接线图和接线表,但这样我们将花去很多时间,而且还容易出错。在科技发达的今天,计算机技术的应用越来越广泛。对成套电器的设计制造,现已开发了相应 CAD 软件,如 SuperWorks R5.2、THECAD R14.01、JDS - CAD 3.0 等。有了这些 CAD 软件,就大大减少了设计工作量,其准确性也得到了保证。

五、拓展知识

SuperWorks R5.2 是在 AutoCAD R14 的基础上运行的,也就是在 AutoCAD R14 的操作界面上添加了一个 SuperWorks 菜单。运用此菜单,可以根据绘制好的原理图,自动生成施工接线图、接线表。下面对该软件的使用方法作简单的介绍。

(1) 启动

在 Windows 桌面双击"SuperWorks R5.2"快捷图标,首先进入 AutoCAD R14 系统,并出现"Start up"对话框,选取"Use a Template"标签下的模板文件 Acad. dwt,单击 [OK]按钮确认后进入编辑界面。

(2) 环境设置

在绘制原理图之前,首先要进行环境设置,如图幅大小、线型设置、图层设置、系统设置、标题栏填写等。具体的设置方法由用户根据实际情况而定。

(3) 绘制一次电路

一次电路也就是该例的主电路,绘制的步骤如下:

点击　[SuperWorks] → [一次电路] → [一次原理]

输入　起点 → 终点 → 元件符号 → 元件标号 → 终点

(4) 绘制二次电路

一次电路绘制完后就要进行二次电路的绘制,即绘制控制电路原理图。为了保证所生成的接线图的准确性,该软件提供了一条绘制路径,在绘制过程中,必须按照系统的提示进行,用户不可以进行其他的操作。操作步骤如下:

点击　[SuperWorks] → [二次电路] → [二次原理]

输入　起点 → 终点 → 线号 → 元件符号 → 元件标号 → 终点 → 线号

(5) 生成施工接线图

操作可为以下六步:①通过[二次原理]项绘制二次电路原理图;②通过[接线表]项生成接线信息表;③通过[明细表]项生成明细表;④通过[生成端子]项生成端子表;⑤通过[自动布置]项设置元件排列位置;⑥通过[接线图]项自动生成施工接线图。

在绘制过程中应注意以下几点:①对于一些常用的电器元件,该软件已经提供了符号和结构图,用户可直接调用。对于一些复杂的单双端以及多端元件,其符号及结构图,用户需自行建库。②为保证原理图的表面质量,可以不将端子符号绘制在原理图中。在生成端子表时,只需追加端子即可。③生成接线图时,需新建一个文档,然后点击二次电路菜单中的自动排布,再选择所绘制的原理图的文件名,系统自动根据提示,排列好所有元器件。④最后点击[接线图]项,选择原理图的文件名,点击[确定]后系统会将接线信息自动生成在元件的结构图上,如图 6 - 3 - 5 所示。

(6) 生成接线表

元件的接线图生成好以后,最后一步就是生成接线表,其操作步骤如下:

新建一个文档 → [出接线表] → 选择原理图的文件名 → [确定]

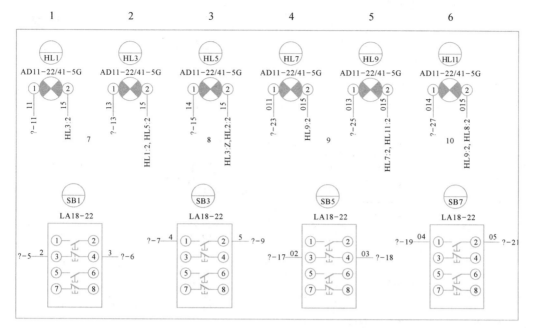

图 6-3-5 两台 37 kW 三相交流电动机控制电路的接线图

接线表见表 6-3-5。

表 6-3-5 控制电路接线表

序 号	线 号	起 始 位 置	末 尾 位 置
1	11	1:1	I-11
2	15	1:2	2:2
3	13	2:1	I-13
4	15	2:2	3:2
5	14	3:1	I-15
6	15	3:2	11:2
7	011	4:1	I-23
8	015	4:2	5:2
9	013	5:1	I-25
10	015	5:2	6:2
11	014	6:1	I-27
12	015	6:2	14:2
13	04	10:1	I-19
14	05	10:2	I-21
15	02	9:3	I-17
16	03	9:4	I-18

序 号	线 号	起 始 位 置	末 尾 位 置
17	4	8:1	I－7
18	5	8:2	I－9
19	2	7:3	I－5
20	3	7:4	I－6
21	11	11:1	I－12
22	15	11:2	12:2
23	13	12:1	I－14
24	15	12:2	13:2
25	14	13:1	I－16
26	15	13:2	21:12
27	011	14:1	I－24
28	015	14:2	15:2
29	013	15:1	I－26
30	015	15:2	16:2
31	014	16:1	I－28
32	015	16:2	23:12
33	04	20:1	19:4
34	04	20:1	I－19
35	05	20:2	28:16
36	05	20:2	I－22
37	03	19:3	I－18
38	4	18:1	17:4
39	4	18:1	I－7
40	5	18:2	26:16
41	5	18:2	I－10
42	3	17:3	I－6
43	10	21:11	26:4
44	15	21:12	22:12
45	4	21:1	29:3
46	4	21:1	26:15
47	11	21:2	I－11
48	7	22:11	26:2

序　号	线　号	起 始 位 置	末 尾 位 置
49	15	22:12	26:12
50	12	22:1	22:3
51	13	22:2	I−13
52	12	22:3	30:8
53	14	22:4	I−15
54	010	23:11	28:4
55	015	23:12	24:12
56	04	23:1	31:3
57	04	23:1	28:15
58	011	23:2	I−23
59	07	24:11	28:2
60	015	24:12	28:12
61	012	24:1	24:3
62	013	24:2	I−25
63	012	24:3	32:8
64	014	24:4	I−27
65	06	28:11	32:6
66	015	28:12	27:96
67	04	28:15	28:1
68	04	28:15	I−20
69	05	28:16	32:5
70	07	28:2	31:7
71	09	28:3	32:2
72	B2	27:95	I−4
73	015	27:96	31:8
74	6	26:11	30:6
75	15	26:12	25:96
76	4	26:15	26:1
77	4	26:15	I−8
79	7	26:2	29:7
80	9	26:3	30:2
81	B1	25:95	I−3

序 号	线 号	起 始 位 置	末 尾 位 置
82	15	25;96	29;8
83	4	29;3	21;1
84	4	29;3	30;3
85	8	29;4	30;9
86	15	29;8	30;10
87	5	30;5	I-9
88	8	30;9	30;4
89	4	30;3	30;1
90	4	30;1	30;7
91	04	31;3	23;1
92	04	31;3	32;3
93	08	31;4	32;9
94	015	31;8	32;10
95	05	32;5	I-21
96	08	32;9	32;4
97	04	32;3	32;1
98	04	32;1	32;7
99	A2	34;1	I-2
100	02	34;2	I-17
101	A1	33;1	I-1
102	2	33;2	I-5

　　由于该软件对接线图的生成功能是对二次电路而言的,另外该控制线路的主电路的结构较简单,所以在此我们仅对控制电路进行接线图和接线表的生成。软件的详细使用方法,可参照《SuperWorks R5.2 用户手册》。

　　检验调试:元器件的安装接线完成后,最后一步就是要进行检验调试。当检验调试完成后,设计也就完成了。

六、练习

　　1. 某机床有 3 台电动机,其容量分别为:28 kW、0.6 kW、11 kW,采用熔断器短路保护,试选择总电源熔断器熔体额定电流等级和熔断器型号。

　　2. 两台 55 kW 的三相交流异步电动机控制电路设计。具体要求如下:

　　① 有短路、过载等必要的保护措施及电动机各种运行状态的指示;

　　② 两台电动机能分别实现手动或自动控制,手动、自动控制能够切换;

　　③ 设计要合理。

 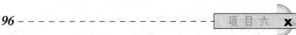

自 测 题 六

一、选择题

1. 现有两个交流接触器，它们的型号相同，若要求它们同时得电吸合，则在电气控制线路中其线圈应该(   )。

A．串联连接   B．并联连接

C．可串联也可以并联   D．不能确定

2. 电气控制电路在正常工作或事故情况下，发生意外接通的电路称为(   )。

A．振荡电路   B．寄生电路   C．自锁电路   D．互锁电路

二、设计练习题

1. 设计两台异步电动机的控制线路，要求如下：(1)第一台电动机起动10秒后，第二台电动机自动起动；(2)当任一台电动机发生过载时，两台电动机均停止；

画出主电路和控制电路，要有必要的保护环节。

2. 设计一控制系统，要求第一台电动机起动后，第二台电动机才能起动，共同运行25 s后，电动机全部停止，同时第一台电动机应能点动调整。用接触器—继电器来实现控制要求，请画出相应的主电路、控制电路，应具有必要的保护环节。

3. 两台三相笼型异步电动机M1、M2，要求M1先起动，在M1起动后才可进行M2的起动，停止时M1、M2同时停止，试画出其电气电路图。

4. 两台三相笼型异步电动机M1、M2，要求既可实现M1、M2的分别起动和停止，又可实现两台电动机同时停止，试画出其电气电路图。

5. 设计一个控制线路，要求第一台电动机启动10 s后，第二台电动机自行启动，运行5 s后，第一台电动机停止并同时使第三台电动机自行启动，再运行10 s，电动机全部停止。

6. 某机床由两台三相笼型异步电动机拖动，对其电气控制有如下要求，试设计主电路与控制电路：(1)两台电动机能互不影响地独立控制其起动和停止；(2)对能同时控制两台电动机的起动和停止；(3)M1起动、停止要求两地控制；(4)当第一台电动机过载时，只使本机停转；但当第二台电动机过载时，则要求两台电动机同时停转。

7. 某机床主轴由一台三相笼型异步电动机拖动，润滑油泵由另一台三相笼型异步电动机拖动，均采用直接启动，工艺要求是：(1)主轴必须在润滑油泵启动后，才能启动；(2)主轴为正向运转，为调试方便，要求能正、反向点动；(3)主轴停止后，才允许润滑油泵停止；(4)具有必要的电气保护。

试设计主电路和控制电路，并对设计的电路进行简单说明。

附：自测题参考答案

自测题一

一、判断题

1. (√)   2. (×)   3. (√)   4. (×)   5. (×)   6. (√)   7. (√)   8. (√)
9. (√)   10. (√)   11. (×)   12. (√)   13. (√)   14. (√)   15. (×)

二、单项选择题

1. (C)   2. (D)   3. (C)   4. (B)   5. (B)   6. (D)   7. (B)   8. (D)   9. (C)
10. (B)   11. (C)   12. (C)   13. (B)   14. (A)   15. (B)

自测题二

一、单项选择题

1. (B)   2. (C)   3. (D)   4. (A)   5. (B)   6. (D)   7. (B)   8. (A)   9. (C)

二、判断题

1. (√)   2. (√)   3. (×)   4. (√)   5. (√)   6. (×)   7. (×)   8. (×)
9. (√)

自测题三

一、单项选择题

1. (B)   2. (A)   3. (C)   4. (A)   5. (B)

二、判断题

1. (√)   2. (×)   3. (×)   4. (√)   5. (×)

自测题四

一、单项选择题

1. (B)   2. (C)   3. (D)   4. (B)   5. (C)   6. (C)   7. (A)   8. (D)   9. (B)

二、判断题

1. (√)   2. (√)   3. (×)   4. (×)   5. (×)   6. (×)   7. (√)

自测题五

一、单项选择题

1.（D）　2.（D）　3.（A）　4.（B）　5.（A）　6.（C）　7.（D）　8.（D）　9.（A）
10.（B）

二、判断题

1.（√）　2.（×）　3.（√）　4.（√）　5.（×）　6.（×）　7.（√）　8.（√）
9.（√）　10.（√）

自测题六

一、单项选择题

1.（B）　2.（B）

二、设计练习题

1. 提示:利用通电延时型时间继电器延时闭合的常开触点使控制第二台电动机的交流接触器得电。参照项目五模块三拓展知识中图 5-3-11。

2. 提示:利用按钮选择实现第一台电动机既能点动又能连续运行的控制,参照图 1-2-6(b)。利用通电延时型时间继电器延时断开的常闭触点使控制两台电动机的交流接触器断电。

3. 参照项目五模块三拓展知识中图 5-3-10(a)。

4. 按两台异步电动机餐有自锁的单向起动控制电路进行设计修改。

5. 参照项目五模块三拓展知识中图 5-3-11。

6. 参照两台异步电动机顺序起动控制电路图 1-2-6(c)进行设计。

参 考 文 献

1　王炳实.机床电气控制.北京:机械工业出版社,1994
2　王兵.常用机床电气检修.北京:中国劳动和社会保障出版社,2006
3　张华.电类专业毕业设计指导.北京:机械工业出版社,2001
4　罗良陆.电器与控制.重庆:重庆大学出版社,2004
5　赵秉衡.工厂电气控制设备.北京:冶金工业出版社,2001
6　倪远平.现代低压电器及其控制技术.重庆:重庆大学出版社,2003
7　杨延栋.电工技能实训.北京:电子工业出版社,2003
8　许缪,王淑英.电气控制与PLC应用.北京:机械工业出版社,2005
9　高学民.机床电气控制.山东:山东科学技术出版社,2005
10　王永华.现代电气控制及PLC应用技术.北京:北京航空航天大学出版社,2003
11　王兆明.电气控制与PLC技术.北京:清华大学出版社,2006
12　丁向荣,林知秋.电气控制与PLC应用技术.上海:上海交通大学出版社,2005